LA

BASSE-COUR

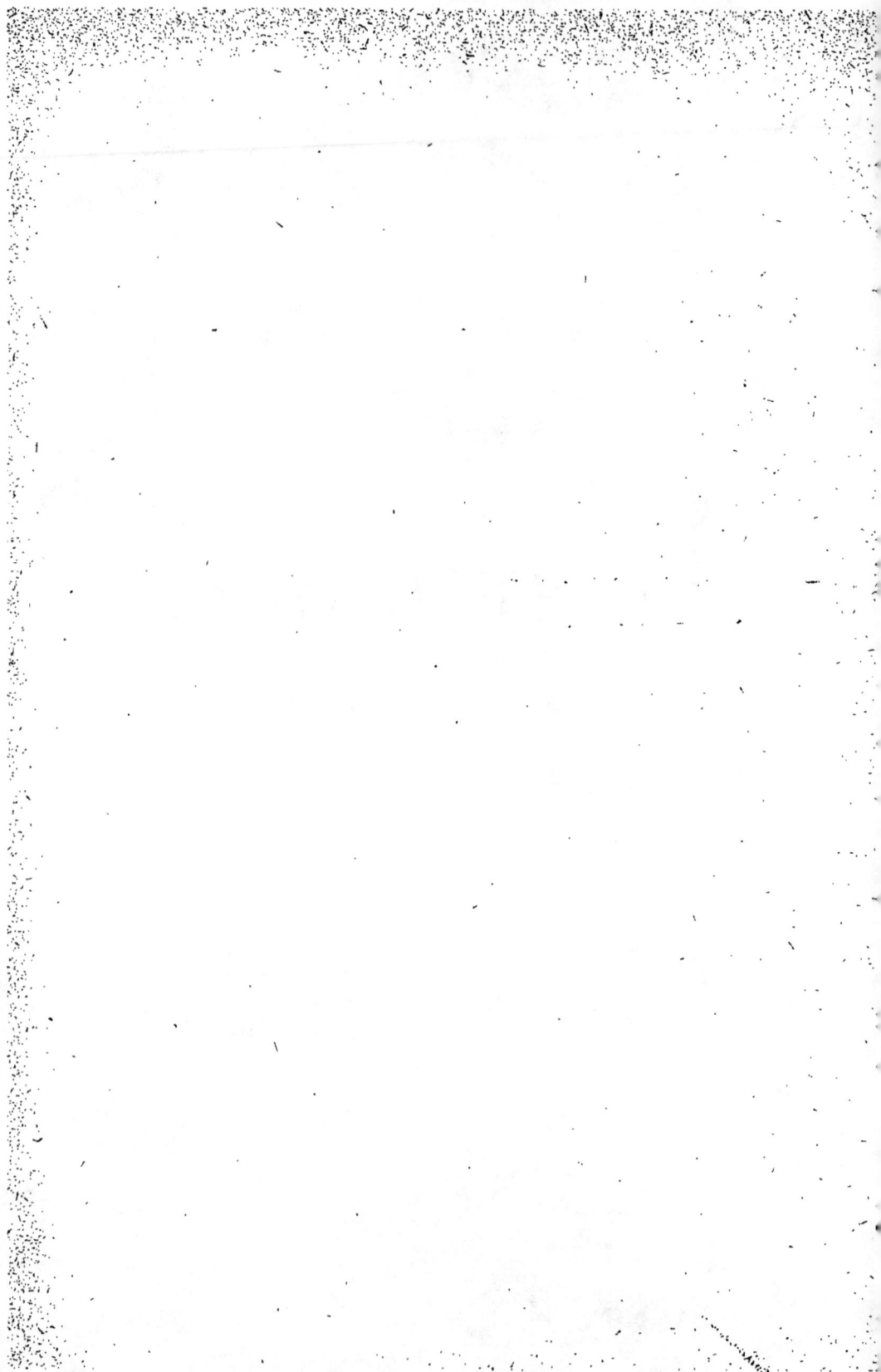

LA
BASSE-COUR

Par L.-J. TRONCET et E. TAINTURIER

La Poule — Le Dindon — La Pintade
Le Pigeon — Le Canard — L'Oie — Le Cygne — Le Paon — Le Faisan
Le Lapin — Le Léporide — Le Cobaye — Races
Alimentation — Hygiène — Accidents et maladies (Symptômes
et premiers soins)

OUVRAGE ILLUSTRÉ DE 80 GRAVURES

PARIS
LIBRAIRIE LAROUSSE
17, Rue Montparnasse, 17
SUCCURSALE : Rue des Écoles, 58 (Sorbonne)

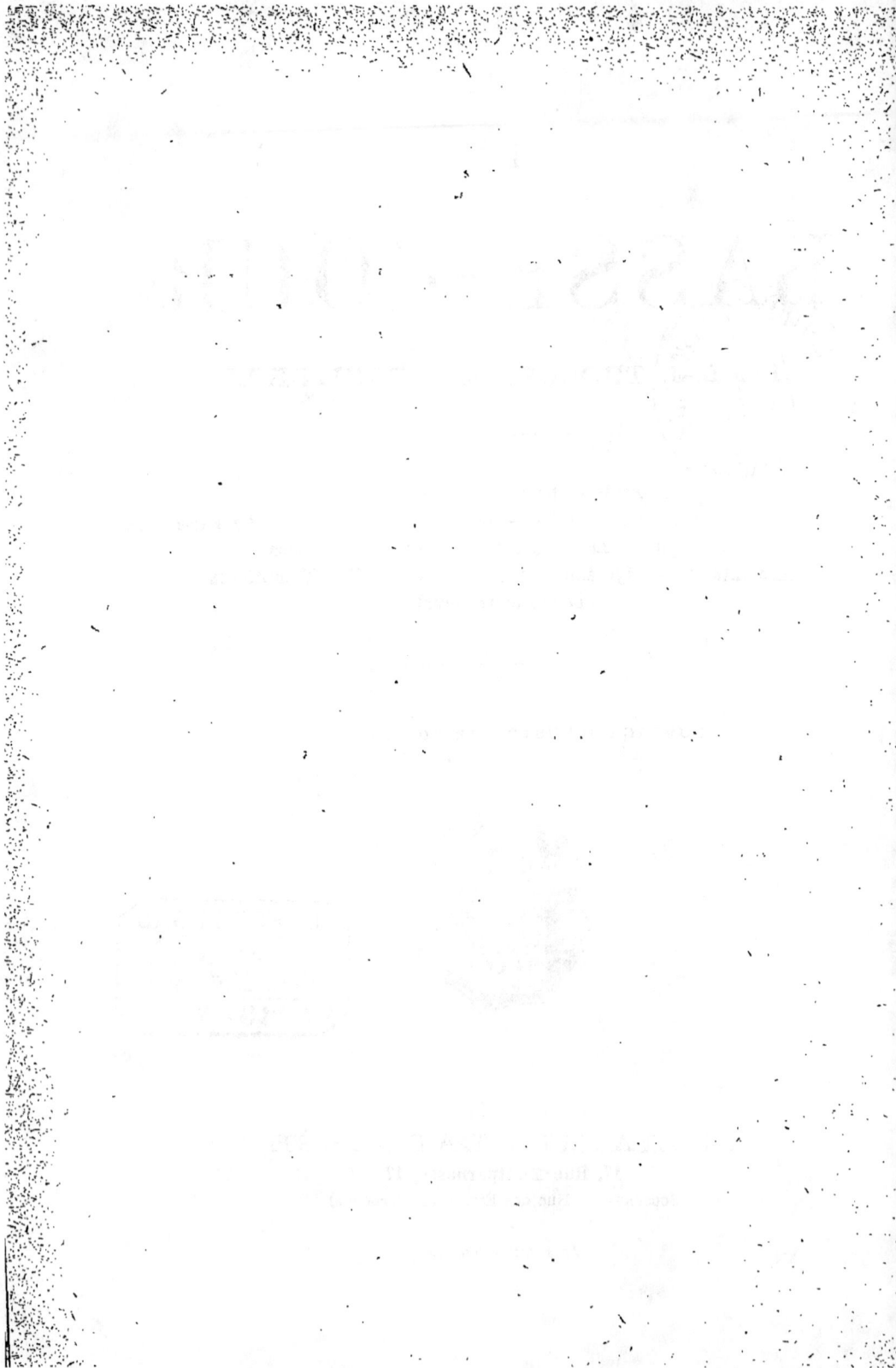

PRÉFACE

L'ouvrage que nous présentons aujourd'hui à nos lecteurs est conçu dans le même esprit et sur le même plan que son devancier Le Bétail, précédemment paru dans la Bibliothèque rurale.

Dans une première partie, nous passons en revue les différentes espèces qui peuplent les basses-cours et nous donnons à propos de chacune d'elles les règles d'hygiène qu'il convient de mettre en pratique pour en conduire l'élevage d'une façon rationnelle.

La seconde partie est consacrée à un rapide examen des accidents et maladies qui peuvent affecter le plus fréquemment les animaux qui nous occupent. Pour tous les cas que nous signalons, nous indiquons les symptômes qui permettent de les reconnaître ainsi que les mesures qu'il y a lieu de prendre soit pour entraver la propagation du mal, si la contagion est possible, soit pour éviter les complications, soit même pour remédier tout à fait aux affections les plus simples.

Un spécialiste des plus autorisés sur les questions qui entrent dans notre cadre, M. Ernest Tainturier, médecin-vétérinaire, nous a prêté son concours éclairé pour la réalisation de cet ouvrage à laquelle il a contribué dans une large mesure.

Nous n'avons pas négligé, d'autre part, de consulter les écrits des auteurs qui se sont occupés du même sujet. Nous devons citer parmi ceux-ci : Bénion, A. Bouchereaux, G. Pugh-Desroches, le *frère Alexis Espanet, Eugène Gayot, Ern. Lemoine, L. Mauger, A. Mercier, Gaston Percheron.*

Enfin, notre texte a été complété par de nombreuses illustrations exécutées spécialement pour cet ouvrage et souvent d'après nature.

Grâce à ce groupement d'efforts, nous pensons avoir réuni dans ce volume, et sous une forme accessible à tous, les connaissances nécessaires à ceux qui veulent s'adonner à l'élevage des animaux de basse-cour d'une manière raisonnée et profitable.

L.-J. TRONCET.

LA BASSE-COUR

PREMIÈRE PARTIE

LES OISEAUX DE BASSE-COUR

I. — LA POULE

La poule appartient à l'ordre des *gallinacés*. Cet oiseau passe pour originaire des Indes et de la Malaisie, où on le trouve à l'état sauvage, surtout dans les régions montagneuses. D'après Serdon, le voyageur qui traverse les forêts de ces pays rencontre souvent des coqs qui, au moindre bruit, s'envolent dans les fourrés.

Il y a tout lieu de croire que la domestication de la poule remonte à une époque très reculée, car les écrits les plus anciens la mentionnent parmi les espèces que l'homme s'est attachées. Actuellement répandue sur toute la terre à l'état domestique, la poule est le plus utile des oiseaux de basse-cour. En France, on estime son produit annuel, en œufs et en chair, à plus de 337 000 000 de francs.

Races.

Pour la facilité de l'étude, nous diviserons les races de poules en trois catégories : les *races françaises*, les *races européennes* et les *races exotiques*.

Races françaises.

Race commune. — La plus répandue en France et en Europe, cette race est le véritable type de la poule de ferme.

Les poules communes sont en général de moyenne grosseur, vives, rustiques, également bonnes pour la ponte et l'incubation, mais coureuses, portées à ravager les récoltes, à pondre et à couver hors de leur nid. Leurs œufs sont petits et contiennent un jaune relativement peu volumineux. Le coq est fécond à l'âge de quatre

Coq commun.   Poule commune.

mois; la poulette, née en avril, pond à la fin du mois de novembre suivant.

La race commune, dont le plumage peut offrir toutes les nuances, se reconnaît aux caractères suivants : tête petite; bec pointu; crête simple, dentelée, droite ou renversée sur le côté; corps petit et fluet; pattes grises, lisses et nues; ongles grands et acérés.

Race sans croupion. — Encore appelée *poule picarde, poule à cul rond, poule sans queue*, cette race, que nous citons pour mémoire, se rencontre un peu partout en France, et notamment dans la région du Nord.

Race de Crèvecœur — La plus ancienne et la plus belle de nos variétés, la race de Crèvecœur, tire son nom du village normand dont elle est originaire, mais c'est dans le département de la Sarthe, où elle a été améliorée, que l'on trouve les sujets les plus remarquables.

Le plumage du crève-cœur est entièrement noir, avec une huppe retombant de chaque côté de la tête, qui porte, en outre, une cravate épaisse et des oreillons petits d'un bleu nacré. La tête du coq est ornée d'une crête double, en forme de cornes réunies à la base ; la poule, au contraire, a une crête très petite. Le

Coq de Crèvecœur.

Poule de Crèvecœur.

corps de ce gallinacé est arrondi et trapu, son dos est horizontal ; enfin, ses pattes, courtes et noires, sont pourvues de quatre doigts.

Moins vagabonde que la poule commune, la poule de Crèvecœur n'a pas, comme celle-ci, le défaut de gratter continuellement la terre et, par conséquent, elle cause peu de dommages dans les champs et les vergers. Par contre, elle ne possède pas au même degré la faculté de trouver elle-même une partie de sa nourriture et, tout en utilisant fort bien les aliments qu'on lui distribue, elle se développe mal, lorsqu'on ne pourvoit pas abondamment à ses besoins.

Quoi qu'il en soit, la race de Crèvecœur se recommande par sa grande précocité. Les poulets peuvent être mis à l'engraissement à deux mois et demi ou trois mois et mangés quinze jours après. La poularde de cinq à six mois pèse environ trois kilos; le poulet engraissé va jusqu'à quatre kilos et demi.

La poule donne des œufs généralement très gros, pouvant

Coq de Houdan.   Poule de Houdan.

atteindre un poids de 85 et même de 90 grammes; mais, au point de vue de la quantité, c'est une pondeuse moyenne; elle est peu estimée comme couveuse.

Les poussins exigent beaucoup d'espace et de verdure; ils sont délicats et redoutent l'humidité et les brusques changements de température.

A la race de Crèvecœur se rattachent trois variétés : la *poule du Merlerault*, qui ne diffère de la poule de Crèvecœur que par sa cravate beaucoup moins développée; la *poule de Caux*, qui provient du croisement de la race de Crèvecœur avec celle de La Flèche; la *poule de Gournay*, dont le plumage est noir et blanc.

Race de Houdan. — Ainsi appelée parce qu'elle a pris naissance
dans le village de Houdan (Seine-et-Oise), cette race ne le cède en
rien au crèvecœur, sous le rapport de la précocité et de la qualité
de la chair. Londres et Paris s'approvisionnent en partie dans
l'arrondissement de Mantes, où les produits de l'élevage de cette
poule se chiffrent par centaines de mille francs. On trouve encore
celle-ci dans les départements de l'Eure et d'Eure-et-Loir.

La race de Houdan se distingue par un plumage caillouté noir et
blanc, ces deux couleurs réparties d'une manière presque régulière sur toute la surface du corps. La crête du coq, charnue
et dentelée, représente assez bien une coquille de moule ouverte,
ou, si l'on veut, une feuille de chêne. La huppe, relevée et très
bien fournie, donne à la tête l'apparence d'une boule de plumes.
Les oreillons et les barbillons sont très petits; les trois plumes du
bout des ailes sont entièrement blanches; quant aux pattes, grises
et roses, elles sont pourvues de cinq doigts.

Le rouge et le jaune, qui font accidentellement partie du plumage du houdan, sont regardés comme des signes de dégénéres-
cence.

La poule est généralement très calme; elle ne gratte pas la
terre et se contente d'un espace relativement restreint. Assez rustique mais paresseuse, elle cherche peu sa nourriture et exige des
soins qu'elle paye d'ailleurs largement par ses produits.

La poulette pond dès le mois de janvier des œufs très gros,
d'un beau blanc. Par contre, elle couve rarement, et il y a presque
toujours lieu de recourir à des couveuses auxiliaires pour subvenir
aux besoins d'une production importante. Les poussins s'accom-
modent de toutes les nourritures et s'élèvent avec une très grande
facilité. Quant aux poulets, ils arrivent en quatre mois à un développement remarquable, sans qu'il soit besoin de leur faire subir
l'opération du *chaponnage*.

Race de La Flèche. — La plus grande de nos races, celle de La
Flèche, est très répandue dans la Sarthe, ainsi que dans les départements de Maine-et-Loire, d'Indre-et-Loire, de la Charente, de
l'Indre, du Lot, du Tarn, de la Haute-Garonne, etc. Les poules
d'Angers, de Tours, d'Issoudun, d'Agen, de Montauban et de Toulouse se rapprochent beaucoup de ce type.

La race de La Flèche a le plumage noir avec des reflets verdâtres; les oreillons blancs, larges et très prononcés; les barbillons
très longs. Deux petites cornes rondes, pointues, avec une petite
saillie sur le nez forment la crète, chez le coq ainsi que chez la
poule.

Bien que la race de La Flèche soit moins précoce que les races
de Crèvecœur et de Houdan,
elle n'en a pas moins acquis,
par ses qualités, une réputation justement méritée. Très
apte à prendre de la graisse,
elle donne une chair exquise
et atteint son complet développement à l'âge de neuf
mois. Non engraissé, un poulet pèse d'ordinaire de 3 à
4 kilos; engraissé, il peut,
au bout de six semaines,
dépasser 5 kilos.

Plus rustique que la race
de Crèvecœur, la race de
La Flèche se plaît sous tous
les climats, mais il lui faut
un espace suffisant pour
prospérer.

La poule est bonne pon-
deuse, mais, lorsqu'elle prend

Coq de La Flèche.

de la graisse, la ponte peut devenir moins féconde; aussi est-il
souvent nécessaire de modérer l'alimentation lorsqu'on désire
maintenir cette fonction dans toute son activité.

Pour ce qui est de l'incubation, il est presque impossible, dans
une exploitation un peu étendue, de confier à la fléchoise le soin de
la mener à bien.

Comme toutes les races précoces, celle de La Flèche réclame
une nourriture abondante sans laquelle son exploitation devient
onéreuse.

Race du Mans. — Confondue par quelques auteurs avec la race de

La Flèche, parce qu'elle habite le même pays, la race du Mans se distingue de cette dernière par les caractères suivants : la crête du coq est volumineuse, frisée, dentelée, large en avant et terminée en pointe; celle de la poule, également frisée, est très petite.

La race du Mans le dispute à la race de La Flèche pour sa précocité et la délicatesse de sa chair. Bonne pondeuse, la poule est médiocre couveuse.

Race courtes-pattes. — Assez commune dans le département de la Sarthe, dans le Maine et la Bretagne, la race dont il s'agit se reconnaît à son plumage entièrement noir; elle a les oreillons blancs, les barbillons longs, les pattes très basses, grosses et noires.

Poule de La Flèche.

Le corps de ce gallinacé est horizontal, large et long; sa démarche présente une certaine analogie avec celle du canard. La crête charnue, droite, simple, irrégulièrement dentelée chez le coq, est retombante chez la poule. Celle-ci est très bonne pondeuse et non moins bonne couveuse; ses œufs sont gros et sa chair assez délicate.

Race de la Bresse. — Cette race appartient au département de l'Ain; elle est de taille moyenne et très rustique. La réputation des poulardes de Bresse est telle qu'on les expédie jusqu'en Allemagne et en Russie, et que leur commerce rapporte plus de 700 000 francs au seul département que nous venons de citer.

La race de Bresse comprend deux variétés : la *grise de Bourg* et la *noire de Louhans*. La première, la plus estimée, porte un

plumage d'un gris crayonné avec les oreillons blancs, les barbillons très longs, les pattes fines, de couleur plombée, la queue et les ailes longues. Le coq a le camail, la poitrine et le dos blancs, sa crête est forte, simple, droite, très dentelée ; celle de la poule retombe légèrement sur le côté.

La seconde variété ne diffère que par son plumage, entièrement noir ; l'une et l'autre ne possèdent que quatre doigts.

Assez bonne pondeuse, la poule de Bresse couve rarement ; elle est douce, sédentaire et commet peu de ravages dans les jardins.

Race de Barbezieux. — La race de Barbezieux habite la Charente ; elle a le plumage entièrement noir avec des reflets verts, les oreillons blancs très développés, les joues rouges, les barbillons très longs, les pattes hautes, fortes et grises. La crête simple, droite, haute et fortement découpée chez le coq, est haute et tombante chez la poule. Celle-ci est bonne pondeuse et assez bonne couveuse.

La race de Barbezieux fournit une chair fine et délicate, malheureusement il devient difficile de la trouver à l'état pur, et les croisements dont elle a été l'objet n'ont eu d'autre résultat que de lui faire perdre une partie de ses qualités natives.

Race coucou. — Très répandue dans l'Ille-et-Vilaine, cette race est ainsi désignée à cause de sa ressemblance avec l'oiseau dont elle porte le nom. Ses caractères sont les suivants : oreillons blancs et petits, barbillons charnus très développés, crête épaisse et frisée chez le coq, semblable, mais très petite chez la poule ; pattes courtes et d'un blanc rosé.

Les Bretons apportent un soin tout particulier à la reproduction de cette volaille, qui est facile à élever, rustique et donne une chair très fine.

Bonne pour la ponte, la poule est médiocre couveuse.

Race de Pavilly ou de Caumont. — La race de Caumont est très estimée en Normandie, où on la trouve à côté de la poule de Crèvecœur. Cette variété est d'un engraissement facile et fournit une chair excellente ; elle a le plumage noir, les oreillons larges et blancs, les barbillons très développés, et porte une huppe de plumes fines et droites. Les pattes sont d'un gris bleuté.

La crête du coq a la forme d'une petite coquille très dentelée. La poule est bonne pondeuse, mais mauvaise couveuse.

Race de Gascogne. — Encore appelée *race de Caussade ou landaise*, la race de Gascogne a le plumage noir, la crête simple, les oreillons blancs très longs, les pattes courtes d'un gris bleuté.

C'est une race très rustique, dont le plus grand défaut est de manquer de taille. Sous le rapport de la production des œufs, la poule est estimée, mais elle couve rarement.

Ainsi que nous venons de le voir, la France est largement dotée sous le rapport des races de poules. Trois d'entre elles sont surtout remarquables et devraient servir à améliorer la plupart des autres, ce sont les races de Crèvecœur, de La Flèche et de Houdan. Malheureusement la poule de Crèvecœur, qui réussit très bien dans le Nord, se comporte mal dans le Midi, tandis que le contraire se produit pour la race de La Flèche et que la Houdan ne se plaît que dans le Centre.

Ce sont là des considérations que l'on ne devra jamais perdre de vue, sous peine d'insuccès.

Races européennes.

Race de Dorking. — La race de Dorking appartient à l'Angleterre, où elle occupe le premier rang.

D'une très grande précocité, cette volaille peut figurer à côté de nos meilleures races ; elle présente les caractères suivants : crête volumineuse de couleur vive, profondément dentelée et se terminant en pointe ; tête fine, bec de couleur rose tendre, oreillons rouges et très petits, barbillons longs, pattes fortes de couleur blanc rosé avec cinq doigts et quelquefois six. En outre, les joues et le tour du cou sont couverts de petites plumes courtes, dont l'ensemble a été comparé à un hausse-col.

On distingue les variétés *argentée, foncée, blanche* et *coucou.*

La poule Dorking est bonne pondeuse, bonne couveuse et excellente éleveuse de poussins. Par contre, elle craint le froid et l'humidité et se montre très difficile sous le rapport de la nourriture. Il faut, pour l'engraisser, des pâtées cuites à point et soigneusement confectionnées, alors elle peut arriver à peser jusqu'à 4 kilogrammes et demi.

Race de Bréda. — Cette race, que l'on rencontre du côté d'Anvers et de Bréda, est encore connue en Hollande sous le nom de

Coq Dorking.   Poule Dorking.

poule à bec de corneille; elle se distingue par des oreillons petits et rouges, des barbillons allongés, des pattes longues, noires et emplumées. Chez le coq et la poule, la crête, excessivement petite, forme près du nez une cavité ovale, et la tête se montre ornée d'un petit bouquet de plumes en épi.

La poule de Bréda est bonne pour la ponte et l'incubation, elle s'engraisse facilement et donne une chair d'une grande finesse; elle offre les quatre variétés : *noire, blanche, bleue* et *coucou,* cette dernière plus connue sous le nom de *poule de Gueldre.*

Race de la Campine. — Cette race a été créée en Belgique, dans la province dont elle porte le nom.

Moins grande que la poule commune, dont elle se rapproche, la race de la Campine a la crête épaisse, frisée et terminée en pointe, les oreillons blancs, les barbillons rouges et ronds, les joues rouges, les pattes fines de couleur gris bleu.

Pondeuse par excellence, la poule dont il s'agit peut donner

Coq de la Campine.   Poule de la Campine.

jusqu'à trois cents œufs par année, d'où lui est venu le nom de *Pond tous les jours ;* en revanche, elle couve rarement. On en connaît trois variétés : la variété *dorée* au plumage jaune vif; la variété *argentée ;* enfin la variété dite *Campine de Hollande,* qui est de beaucoup la plus délicate.

Race de Hambourg. — Acclimatée chez nous depuis longtemps, la race de Hambourg est remarquable par son plumage pailleté, par sa crête charnue, épaisse, longue et affectant la forme d'une

morille ; par des oreillons d'un blanc nacré, des barbillons rouges
et ronds, une queue fournie et relevée, enfin par des pattes très
fines d'un gris bleu.

Les principales variétés de cette race sont : la variété *argentée*,
la variété *dorée* et la variété *noire*. On désigne, en Angleterre,
sous le nom de *poule faisane*, une variété plus petite, que sa

Coq de Hambourg.					Poule de Hambourg.

crête double en forme de cornes rapproche de la poule de Crèvecœur.

Très bonne pondeuse, la poule de Hambourg ne couve jamais ;
son poids moyen dépasse rarement 2 kilogrammes.

Race de Padoue. — Les représentants de cette race portent une
coiffure qui en fait de véritables oiseaux d'agrément. Ils se dis-
tinguent, en effet, par une huppe magnifique garnie de plumes
longues et abondantes qui cachent les yeux et retombent sur la
tête ; la crête et les barbillons font défaut ; les pattes, très fines,
sont d'un gris azuré.

La poule est douce, bonne pondeuse, mais mauvaise couveuse ;
ses œufs, de grosseur moyenne, sont rarement fécondés, et c'est

à peine si l'on compte vingt éclosions sur cent œufs soumis à l'incubation.

On distingue les variétés *dorée*, *argentée*, *chamois*, *blanche*, *noire*, *coucou*, etc.

Malgré sa beauté, sa croissance assez rapide et son engraisse-

Coq de Padoue. Poule de Padoue.

ment facile, la poule de Padoue ne figure guère que dans les basses-cours d'amateurs.

Race de Hollande. — La race de Hollande n'est pas autre chose qu'une variété de la race de Padoue qui ne s'en distingue que par sa taille plus faible.

Race sultane. — Comme la précédente, la race sultane se rapproche de la race de Padoue; elle est ornée d'une huppe bien fournie; ses pattes sont courtes et portent cinq doigts. La poule est bonne pondeuse.

Race espagnole. — Très répandue en Angleterre, cette race n'est guère connue chez nous que depuis une trentaine d'années; elle se distingue par des joues blanches, des oreillons longs et blancs, des barbillons rouges très développés, des pattes longues et minces, d'un bleu ardoisé. La crête est simple, droite, très élevée et irrégulièrement dentelée chez le coq; mince et tom-

Coq espagnol.   Poule espagnole.

bante chez la poule. Cette dernière est bonne pondeuse, mais ne couve pas.

La race espagnole offre les trois variétés *noire, blanche* et *bleue;* la première est la plus recherchée.

Races exotiques.

Race cochinchinoise. — Importée de Shang-Haï d'abord en Angleterre, puis en France, la race cochinchinoise est de taille élevée et d'un volume assez considérable pour peser jusqu'à 5 kilogrammes sans avoir été soumise à l'engraissement.

Caractérisée par un plumage très dru, fin et abondant, cette volaille a la crête simple, droite, courte et dentelée; des oreillons rouges, fins et petits; des barbillons courts, des pattes jaunes, fortes et emplumées jusqu'aux doigts. La queue, à peine marquée chez le mâle, n'existe pour ainsi dire pas chez la femelle. Très bonne pondeuse, celle-ci est aussi une couveuse infatigable.

Coq cochinchinois.   Poule cochinchinoise.

Le défaut de la race cochinchinoise est d'être grande mangeuse et d'engraisser difficilement. On distingue les six variétés: *fauve, rousse, noire, blanche, perdrix* et *coucou*.

Race de Brahma-Pootra. — Cette race se trouve particulièrement sur les bords du fleuve dont elle porte le nom et qui traverse le royaume d'Assam. Introduite dans le Royaume-Uni en 1853, elle passa de là en Hollande, en Belgique et en France.

La brahma-pootra a la crête droite, simple, petite, courte et dentelée; les oreillons rouges, les barbillons moyens, rouges et arrondis; les ailes courtes, les pattes jaunes, très fortes, courtes, écartées et garnies de plumes horizontales.

La poule est rustique, bonne pondeuse, excellente couveuse et élève bien ses poussins.

Pour la plupart des auteurs, la race dont il s'agit n'est qu'une variété de la race cochinchinoise dont elle présente, du reste, tous les caractères.

Race du Gange. — La race du Gange a le plumage blanc, les barbillons rouges et la crête double; elle est rustique et bonne pondeuse.

Race de Jérusalem. — La poule de Jérusalem est une volaille d'agrément dont les caractères paraissent mal définis; car, tandis que certains auteurs lui attribuent un plumage blanc, d'autres la donnent comme étant rosée et marquée de taches noires.

Race malaise. — Assez connue en Europe, la race malaise est originaire des îles de la Sonde, de la Réunion et des Philippines: elle est surtout élevée en Angleterre où elle jouit d'une certaine réputation comme race de combat.

Ce gallinacé rappelle l'oiseau de proie par son cou long et droit, son bec crochu et le port de sa tête; il a la crête basse et aplatie, les barbillons rouges et courts, les oreillons très petits, les jambes longues et les pattes jaunes.

On en connaît plusieurs variétés parmi lesquelles nous citerons: la *blanche*, la *noire* et la *rousse*.

Race de combat. — La race de combat, ainsi appelée à cause de son humeur batailleuse, est élevée en Angleterre pour le plaisir des amateurs.

Cette volaille a la crête rouge, droite et régulièrement dentelée, le bec fort et recourbé, les oreillons rouges, les barbillons minces et rouges, le cou long et arqué, les ailes fortes, les pattes verdâtres. La poule est bonne pondeuse, médiocre couveuse, mais donne une chair très estimée.

Les variétés les plus remarquables sont : la variété *dorée à poi-*

trine noire, la variété *dorée à poitrine brune*, la variété *argentée à ailes de canard*.

Race de Yokohama. — Originaire du Japon, cette race est très élégante mais difficile à élever. Ses caractères distinctifs sont les suivants : crête rouge ressemblant beaucoup à celle de la race

Coq de combat. Poule de combat.

malaise, jambes longues, pattes longues et jaunes, queue très longue et retombante.

La poule de Yokohama est bonne pondeuse et couveuse passable ; elle offre deux variétés dont l'une est entièrement *blanche*, l'autre *blanche et rouge*.

Race de Langshan. — La race dont il s'agit a été importée du Japon en Europe par les Anglais : on la reconnaît à sa crête fine, simple, droite et régulièrement dentelée, à ses oreillons et à ses barbillons rouges ; enfin, à ses pattes d'un gris ardoisé et garnies de plumes presque perpendiculaires.

La race de Langshan se distingue de la race cochinchinoise par ses ailes plus longues, sa queue mieux sortie et relevée ; la poule est en même temps bonne pondeuse et excellente couveuse. Les variétés connues sont la *blanche*, la *noire* et la *bleue*.

Race de Leghorne. — Très estimée en Angleterre et en Amérique à cause de son endurance et de sa fécondité, cette race est caractérisée par une crête simple, dentelée, droite chez le coq, rabattue sur le côté chez la poule ; par des oreillons blancs très développés, des barbillons rouges et très longs et par des pattes jaunes.

Cette race a produit les variétés *rouge*, *blanche*, *noire* et *coucou*. La poule est bonne pondeuse, mais couve peu.

Race Walikiki. — La race Walikiki nous vient de Ceylan ; elle est très facile à élever, bonne pondeuse, mais mauvaise couveuse. Totalement dépourvue de queue, elle a la crête droite, des barbillons courts et des pattes fines de couleur grise.

Race d'Égypte. — Cette race est remarquable par sa belle taille, son plumage varié et sa fécondité, mais elle est si mauvaise couveuse qu'il faut faire éclore les poussins dans des fours. Ce mode d'incubation produit encore annuellement 40 millions de poulets.

Race nègre de Mozambique. — Celle-ci occupe une partie de la région orientale de l'Afrique et rappelle, avec une taille beaucoup moins forte, le port de la race cochinchinoise ; la crête, chez elle, est petite ; le pourtour des yeux, les barbillons, les pattes et les os même sont noirs ; le plumage, généralement de même couleur, est soyeux. La poule pond de petits œufs et couve bien. Le coq s'occupe des poulets lorsque la femelle commence à pondre.

Race mexicaine. — La race mexicaine, qui peuple toute l'Amérique du Nord, présente, comme caractères distinctifs, une crête grande, simple et droite ; des joues dégarnies et rouges avec des oreillons blancs. Son ventre est volumineux ; sa queue haute ; ses pattes grosses et revêtues d'écailles bleuâtres. Les pennes de la tête et du cou sont de couleur orange ; celles du dos de couleur marron, les autres noires.

Par sa grosseur, l'excellence de ses œufs et de sa chair, sa rusticité, sa prédisposition à l'engraissement, sa qualité de bonne pondeuse, la poule mexicaine mérite l'attention des éleveurs.

Race brésilienne. — Cette volaille n'est guère connue en France que depuis une dizaine d'années ; elle a la crête cramoisie et rudimentaire, le plumage varié, mais souvent d'un bleu mat, la queue petite et les pattes de couleur rosée. Elle passe pour être très féconde.

Race de Bahia. — Encore désignée sous le nom de *cul rouge*, parce que son croupion se couvre tardivement de plumes, cette race est de forte taille avec un bec gros et recourbé, des hanches saillantes, un croupion élevé, un plumage roux ou fauve, des pattes jaunâtres et une peau rosée. Elle est féconde, rustique, sédentaire et familière, mais n'a pas de tendance à l'incubation.

Races océaniennes. — Ces espèces sont encore peu connues ; celles qui habitent Java, Sumatra et les îles Moluques ont, en général, une forte taille, une crête rudimentaire, un plumage noir à reflets métalliques et soyeux. Les poules pondent de gros œufs et passent pour peu fécondes.

Races naines.

A côté des races que nous venons de décrire, il en est de plus petites dites *races naines*, dont les principales sont les suivantes :

Race de Bantam. — Remarquable par l'élégance de ses formes, ce gallinacé a la crête frisée, les barbillons rouges, de moyenne grandeur, les oreillons rouges et petits, les pattes fines d'un gris bleuâtre. Les faucilles ou grandes plumes de la queue font défaut chez le coq.

Très répandue dans la Grande-Bretagne et en France, la race dont il s'agit est recherchée pour sa précocité, sa fécondité, son aptitude à pondre et à couver dans toutes les saisons et aussi pour son dévouement maternel.

Les variétés, au nombre de quatre, sont : le *bantam argenté*, le *doré*, le *noir* et le *blanc*.

Race Nangasaki. — Originaire du Japon, la race Nangasaki se distingue par une crête simple et droite, haute chez le coq, retombante chez la poule; par un bec jaune, une queue longue et relevée, des ailes traînantes, des pattes jaunes et courtes.

Bonne pondeuse, la poule couve bien et se montre remplie de sollicitude pour ses petits.

Parmi les nombreuses variétés de cette race, nous citerons : la *blanche*, la *noire* et la *foncée*.

Race naine de combat. — Mignonne et très familière, cette espèce est recherchée par les éleveurs de perdreaux à cause de sa légèreté; elle est ornée d'une crête très petite et simple, a des pattes fines et verdâtres, un plumage *doré*, *argenté*, *blanc*, etc.

Race négresse du Japon. — La poule négresse du Japon est appréciée au même titre que celle dont nous venons de parler. Par sa manière de conduire ses petits, elle rend les plus grands services pour l'élevage des faisandeaux et des perdreaux.

Cette volaille a la peau noire, le plumage entièrement blanc, fin et soyeux; elle porte une huppe petite, renversée en arrière chez le coq et sphérique chez la poule. Sa crête est frisée, en couronne, d'un rouge très foncé presque noir, ses oreillons sont d'un bleu nacré, ses barbillons petits et de la même couleur que la crête; enfin ses pattes nacrées, emplumées, portent cinq doigts.

Race naine pattue de Madagascar. — Le plus souvent d'un blanc mat, cette race est élevée en France comme oiseau d'agrément; elle est bonne pondeuse et excellente mère. Ornée d'une crête simple et dentelée, elle porte une rangée de plumes sur le côté externe des pattes.

Poulailler.

Pour la poule, comme pour les autres animaux domestiques, l'hygiène de l'habitation est la première garantie du succès de l'élevage.

D'une constitution robuste, ce gallinacé peut vivre, il est vrai, dans les milieux les plus défavorables sans que sa santé paraisse altérée, mais alors les bénéfices qu'il donne sont à peu près nuls. Il convient donc de réagir contre la tendance qu'ont certains éleveurs d'abandonner au hasard les hôtes de la basse-cour.

Le local destiné aux volailles peut être plus ou moins luxueux, plus ou moins vaste ; sa disposition, son arrangement intérieur peuvent varier à l'infini suivant les coutumes locales et le goût des propriétaires, mais, qu'il s'agisse d'un poulailler de ferme ou d'une basse-cour d'amateur, il est des règles d'hygiène que l'on ne saurait violer impunément. Nous allons donc faire connaître sommairement les conditions que doit remplir le logement dont il s'agit.

Les propriétaires qui ont en vue l'exploitation des races de luxe établissent habituellement leur basse-cour dans un parc pourvu d'une clôture mesurant environ 1^m,50 de hauteur. Le terrain choisi doit être sec, gazonné dans une partie de son étendue et sablé dans l'autre. Il est nécessaire que les volatiles soient préservés des ardeurs du soleil par des arbres plantés de distance en distance ; le cerisier, l'arbousier, le sorbier et le mûrier conviennent fort bien, on peut aussi disposer des massifs de laurier, de troènes, etc. S'il est possible de faire traverser le parc par un petit ruisseau d'eau vive, cela dispensera d'établir des abreuvoirs.

Outre l'habitation proprement dite, l'installation des volailles doit comporter un hangar ou appentis sous lequel les oiseaux s'abriteront et prendront leur repas.

Nous l'avons dit, la disposition du poulailler est susceptible de varier dans de très grandes limites et il serait oiseux de formuler des règles à cet égard ; ce qu'il faut retenir c'est que ce local doit, autant que possible, être orienté vers l'est, les autres expositions présentant divers inconvénients.

Pour être salubre, le poulailler doit être sec et présenter une aire plus élevée que le sol environnant. Une température moyenne est celle qui convient le mieux aux oiseaux de basse-cour : la trop grande chaleur engendre souvent des maladies épizootiques tandis que le froid a pour effet d'arrêter la ponte.

Disposées en vue de l'aération, les ouvertures du poulailler sont grillées et munies de volets ou de persiennes à lames mobiles qui

permettent de régler l'entrée de l'air et de la lumière selon la
température. La porte doit être percée, dans sa partie inférieure,
d'un guichet que l'on a soin de fermer chaque soir à l'aide d'une
planche glissant entre deux coulisses verticales. Si le guichet
affleure le sol, les volailles entrent de plain-pied ; dans le cas

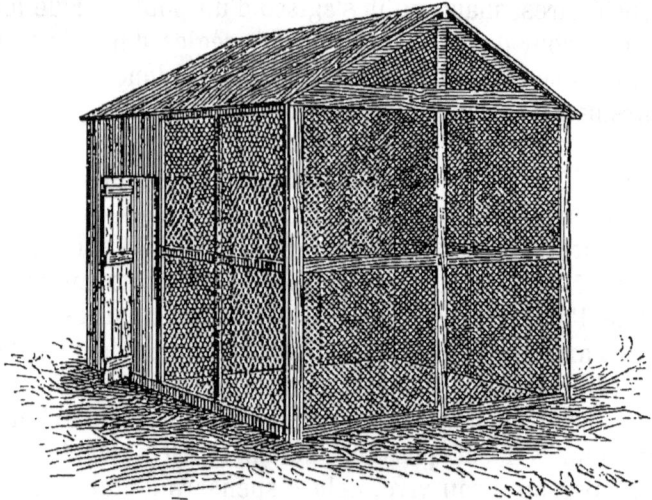

Poulailler démontable.

contraire, elles accèdent au logis au moyen d'une petite échelle
placée à l'extérieur.

Suivant les usages locaux, le poulailler est édifié avec du bois,
des briques, de la maçonnerie ou du ciment ; quant à la couverture, elle peut être en tuiles, en bois ou en chaume, cette dernière,
qui garantit du froid et de la chaleur, doit avoir la préférence.

Il existe, d'ailleurs, différents systèmes de poulaillers roulants
créés pour les amateurs, et qui, tous, unissent le confortable à
l'élégance.

Quels que soient les matériaux qui entrent dans sa construction,
le poulailler doit être complètement clos avec des parois unies et
exemptes de fissures. Ce logement doit renfermer des *juchoirs*,
sortes de larges échelles fixées au mur et formant avec celui-ci un

angle droit. Octogones et d'un diamètre de 5 centimètres environ, les barreaux du juchoir sont généralement espacés de 30 à 40 centimètres. Dans tous les cas, il importe que les perchoirs soient mobiles, ce qui permet de les nettoyer facilement, de les laver à l'eau bouillante et de les enlever pendant les grands

Pondoirs.

froids, précaution sans laquelle les poules risquent d'avoir les pattes gelées. La hauteur à laquelle on place les juchoirs varie suivant les circonstances ; le plus habituellement ils sont élevés à 40 centimètres du sol. On doit s'abstenir de les superposer si l'on veut éviter les combats que se livrent souvent les volatiles afin d'occuper ceux de la rangée supérieure.

La demeure des volailles doit aussi contenir des *pondoirs* représentés par des boîtes ou par des paniers en osier. Posés sur le sol ou accrochés au mur, les pondoirs sont garnis de paille ou de foin et pourvus, chacun, d'un œuf artificiel. Il est bon de placer au-dessus une planche qui empêche les volailles de les salir lorsqu'elles sont perchées.

Tel est l'aménagement du poulailler ; quant à ses dimensions, elles n'ont rien d'absolu et doivent nécessairement se trouver en rapport avec le nombre de ses habitants. On estime qu'il faut 1 mètre carré pour seize ou dix-huit poules. La hauteur du bâtiment peut être de 2^m,50 à 3 mètres.

Le sol est pavé, bitumé ou recouvert d'une couche de sable fin ;

Abreuvoir siphoïde ordinaire.

dans les deux premiers cas, il faut ménager une pente afin de pouvoir le laver à grande eau ; le sable, lui, est ratissé le plus souvent possible (1).

Lorsque la cour du poulailler n'est pas traversée par un ruisseau, il est nécessaire d'y installer des *abreuvoirs*, qui peuvent être, soit des vases en terre ou en fonte, soit des *abreuvoirs*

---

(1) Le pavage en bois goudronné est le meilleur. Le ciment et le béton présentent l'inconvénient d'être trop froids, et l'on sait que les poules redoutent beaucoup le froid aux pattes.

siphoïdes. Ces derniers sont beaucoup plus hygiéniques que les autres en ce sens qu'avec eux les gallinacés ont toujours à leur disposition de l'eau propre et fraîche (1).

Pour ce qui regarde la distribution de la nourriture, on a recours à des *augettes* en bois ou en métal. Les plus convenables sont

Abreuvoir siphoïde Lagrange.

munies d'un couvercle et percées d'ouvertures latérales de telle façon qu'il est impossible aux poules de monter dedans et de salir les aliments qui, en même temps, se trouvent abrités contre la pluie.

_____

(1) Ces appareils se composent d'un réservoir central de forme cylindrique muni, à sa base, de petits godets dans lesquels l'eau se maintient constamment au même niveau.

Le poulailler doit être tenu avec le plus grand soin : tous les jours les ordures sont enlevées et le sable mouillé remplacé par du sable sec ; les perchoirs et les pondoirs sont nettoyés puis lavés à l'eau bouillante une fois par semaine; il en est de même des murs qu'il convient, en outre, de blanchir à la chaux au moins tous les ans ; enfin les abreuvoirs et les augettes sont entretenus dans un constant état de propreté.

Pendant les froids rigoureux les ouvertures du logement sont

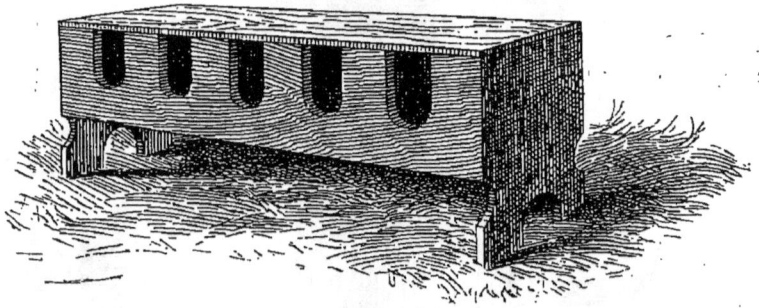

Augette à volailles.

constamment fermées et munies de paillassons; de plus on enlève les perchoirs et l'on recouvre le sol d'une épaisse couche de paille ou de fougères. A l'époque des grandes chaleurs il est indiqué d'arroser fréquemment le poulailler, enfin, au printemps et à l'automne, les fenêtres sont ouvertes la journée et fermées la nuit.

En suivant ponctuellement ces indications, l'on est assuré de maintenir les habitants de la basse-cour dans un parfait état de santé et d'obtenir d'eux une somme de bénéfices qui compensera largement la peine que l'on se sera donnée.

Alimentation.

Dans l'exploitation des volailles, comme du reste dans celle de tous les animaux, la question de l'alimentation est capitale et c'est de ce côté, surtout, que doit se porter l'attention de l'éleveur.

Trop faible, la ration ne permet pas aux poules d'atteindre leur complet développement ; trop forte, elle est perdue en partie, ce qui diminue d'autant le profit.

On a cherché à évaluer la quantité de nourriture qu'il convient de distribuer par jour à chaque tête de volaille, mais ces calculs, séduisants en théorie, entraîneraient certainement, dans la pratique, des mécomptes sérieux. D'ailleurs, les auteurs sont loin d'être d'accord sur ce sujet, car le climat, la saison, l'âge, la race, l'aptitude individuelle, la richesse plus ou moins grande des aliments sont susceptibles de faire varier le poids des substances nécessaires au bon entretien d'une espèce.

Toutefois on estime approximativement à 80 grammes les matières sèches qui doivent composer la ration journalière des volailles, mais ce chiffre n'a rien d'absolu et nous ne le donnons qu'à titre de renseignement.

La poule est omnivore ; à l'état de liberté elle recherche non seulement l'herbe, les légumes et les fruits, mais aussi les vers, les larves, les insectes, les limaces et les escargots. On doit donc lui donner une alimentation qui renferme à la fois des matières végétales et des matières animales.

Les aliments tirés du règne végétal sont très nombreux et l'on peut dire que la poule fait ventre de tout ou à peu près ; les principaux sont : le blé, le sarrasin, l'orge, l'avoine, le maïs, le pain, le chènevis, les vesces, les pois, le riz, le son, la paille hachée, l'ortie, les pommes de terre, les topinambours, les choux-raves, les betteraves, le trèfle, la luzerne, les salades, l'oseille, les choux, les épinards, les fruits, les feuilles d'arbres, la drèche, les marcs de raisins et de pommes, les tourteaux de noix, de noisettes et de faînes, etc.

La nourriture animale est représentée par le sang, la viande, le lait, les œufs, les vers, les escargots, les chenilles, les limaces, les sauterelles, les hannetons, les grenouilles, etc.

Une alimentation composée exclusivement de grains est trop excitante, coûteuse et partant peu rémunératrice ; les pâtées confectionnées avec les herbes et les légumes, tous aliments aqueux, sont susceptibles de déterminer la chlorose ; quant aux matières animales, données trop longtemps et trop exclusivement, elles engendrent des maladies de peau et communiquent à la viande et aux œufs un goût désagréable (1).

On le voit, c'est un régime mixte qui convient le mieux à la poule.

Autant que possible, la nourriture est distribuée à heures fixes, ce qui contribue à exciter l'appétit des volailles. Généralement au nombre de trois, les repas ont lieu le matin, à midi et le soir.

L'alimentation doit varier avec la saison; l'hiver, la poule réclame un régime excitant qui lui permettra de lutter contre le froid et l'humidité. Alors les grains, le sang, la viande fraîche ou en poudre sont indiqués, mais il est nécessaire d'y ajouter des aliments verts.

L'été, ce sont les herbes crues ou cuites et hachées menu qui forment la base de la ration.

Les pâtées de pommes de terre cuites mélangées avec de la farine d'orge, de maïs ou de sarrasin et préparées au petit-lait ou à l'eau de vaisselle sont toujours avantageuses et peuvent être données en tout temps.

L'avoine, l'orge, le millet, le sarrasin, la vesce et le chènevis conviennent surtout aux pondeuses. Quand la femelle recherche le coq, il faut la rafraîchir; lorsqu'elle le fuit, on lui donne du chènevis; enfin, si elle maigrit, on a recours au sarrasin.

L'état sous lequel les grains sont distribués a aussi son importance: l'orge gagne à être concassée; le riz et le maïs sont plus profitables lorsqu'ils ont subi la cuisson.

En résumé, le régime des volailles doit comprendre des aliments de nature différente et de bonne qualité; de même l'eau des boissons sera toujours propre et fraîche: le purin, les eaux croupissantes des mares et des égoûts sont susceptibles d'influer sur la qualité des œufs et de la chair au même titre que les matières avariées ou putrides.

Tout ce qui précède se rapporte spécialement aux pondeuses et aux couveuses; nous nous occuperons plus loin de la nourriture des poussins, quant à celle des poulardes et des chapons elle sera traitée à l'article *Engraissement*.

---

(1) Les asticots et les hannetons présentent surtout cet inconvénient.

Reproduction.

Nous l'avons vu, les différentes races de poules sont loin de posséder les mêmes aptitudes : en effet, si les unes se montrent très fécondes et conviennent surtout pour la ponte et l'incubation, les autres, beaucoup plus précoces, ont plutôt une propension à l'engraissement, d'où il suit que le choix des variétés doit être basé sur la nature des produits que l'on désire.

Toutefois, considérés d'une manière générale, les reproducteurs doivent présenter certains caractères que nous allons énumérer :

Le coq, dont dépend en grande partie le succès des couvées, doit être de taille moyenne, vigoureux, avec des cuisses fortes et couvertes d'un long duvet, la crête rouge, le plumage abondant et de nuances éclatantes, le bec épais et court, le cou long, la poitrine large, les éperons très développés et la queue bien empanachée. On le recherche avec une voix sonore et l'on prise surtout celui dont le chant est fréquent, qui se montre empressé auprès de ses compagnes, les conduit et les protège.

Dès l'âge de trois mois, le coq est apte à la reproduction, mais c'est à partir de six mois jusqu'à quatre ans qu'il remplit le mieux le rôle qui lui est dévolu; on compte alors qu'il faut un mâle pour dix femelles.

Avant tout, les poules doivent être douces; il convient de rejeter celles qui sont criardes et turbulentes parce qu'elles ne pondent pas régulièrement et sont peu portées à l'incubation.

Les poules de petites races font en général des couveuses excellentes; non seulement elles sont légères, ménagent les œufs qu'on leur confie, mais elles ont encore l'instinct maternel très développé et se montrent remplies de sollicitude pour leurs poussins.

En ce qui concerne la ponte, la basse-cour doit comprendre plusieurs variétés de poules avec lesquelles l'éleveur aura continuellement des œufs : généralement les poules communes pondent pendant un mois et se reposent le mois suivant, il faut donc en posséder un nombre suffisant afin de suppléer aux poules de

grandes races, lesquelles ne pondent guère qu'au printemps et
en été.

D'après quelques auteurs, les bonnes couveuses auraient le
corps trapu et près de terre, les cuisses garnies de plumes légères et abondantes, tandis que les pondeuses se distingueraient
par des oreillons d'un blanc mat et porteraient autour de l'anus
des plumes touffues, longues et pendantes.

Les poules commencent à donner des œufs à l'âge de six mois,
si elles sont précoces.

Habituellement, la ponte débute en janvier, atteint son maxi-
mum au printemps, continue pendant l'été et s'arrête au moment
de la mue.

Une bonne pondeuse ne donne, dans toute sa carrière, que six
cents œufs dont quatre-vingts la première année, cent vingt la
seconde, cent trente la troisième, quatre-vingts la quatrième et
de moins en moins les années suivantes. Il est donc indiqué de
réformer la poule à cinq ans révolus.

La ponte ne se fait pas d'une façon régulière. Certaines poules
ne produisent qu'un œuf en trois jours; d'autres en pondent un
tous les *deux* jours; d'autres, mais plus rarement, un tous les
jours.

La manière dont les volailles sont entretenues exerce sur la
ponte une très grande influence. Mal nourries, les poules pondent
peu et ne donnent que des œufs très petits; trop grasses, elles
fournissent des œufs *hardés*, c'est-à-dire dépourvus de leur enveloppe calcaire. On peut remédier à cet inconvénient par l'emploi
du phosphate de chaux, mais comme ce sel, pris en nature, est
peu assimilable, il faut s'adresser aux plantes qui en contiennent
le plus : la lentille par exemple.

Pour revenir à la ponte, la chaleur joue un rôle important dans
cet acte physiologique et la température la plus favorable correspond à 18° centigrades.

La production des œufs peut être aussi activée par une nour-
ture stimulante. Le blé *chaulé,* c'est-à-dire arrosé d'eau dans
laquelle on a fait éteindre de la chaux vive, passe pour être la
meilleure. Les poules, il est vrai, se montrent peu friandes de
ce grain, mais elles s'y habituent et ne sont nullement incom-
modées par ce régime s'il n'est pas trop prolongé.

Chacun sait que les poules n'ont pas besoin de coq pour pondre, mais alors les œufs sont *clairs*, c'est-à-dire inféconds ; par contre, il est établi qu'un seul accouplement suffit pour féconder, à la fois, un grand nombre d'œufs, mais, tandis que quelques naturalistes étendent à six mois les effets de l'accouplement, d'autres le réduisent à un mois. L'expérimentation seule permettrait de trancher la question.

Incubation.

Pour donner naissance à un nouvel être, il faut non seulement que l'œuf soit fécondé, mais encore qu'il soit soumis à l'incubation. Cette opération, au cours de laquelle l'œuf reçoit pendant un certain nombre de jours la chaleur nécessaire à son éclosion, est accomplie soit par la poule : c'est l'incubation naturelle ; soit par des appareils spéciaux : c'est l'incubation artificielle.

Incubation naturelle.

La poule qui veut couver a la crête pâle et flétrie ; elle fait entendre un gloussement particulier, reste une partie de la journée sur les œufs, perd les plumes du ventre et se hérisse dès qu'on l'approche. Il est bon de s'assurer alors si l'envie de couver est bien certaine en plaçant la poule pendant une journée sur des œufs d'essai, naturels ou artificiels.

Le nombre d'œufs qu'il convient de donner à la couveuse est en rapport avec le volume de cette dernière. Une grosse poule peut couver de quatorze à seize œufs, une petite onze ou douze seulement.

Quoi qu'il en soit, il importe que ces œufs, d'égale grosseur et de même espèce, mettent le même nombre de jours à éclore.

On doit éliminer des couvées les œufs déprimés circulairement, ainsi que les œufs à deux jaunes : les premiers produisent des infirmes ; les seconds, reconnaissables à leur volume exagéré, donnent souvent naissance à des monstres. On fera bien, en outre, de choisir des œufs de couleur foncée, car ceux-ci absorbent mieux la chaleur que les blancs.

Les œufs frais sont ceux qui éclosent le plus rapidement, mais tout œuf fécondé peut conserver pendant dix-huit ou vingt jours ses facultés germinatives.

L'âge approximatif de l'œuf est indiqué par la *chambre à air* qui existe du côté du gros bout.

Au moment de la ponte, l'œuf ne présente aucun vide, mais, après quelques jours, la chambre dont nous venons de parler apparaît et se montre d'autant plus grande que l'œuf devient plus âgé (1). Comment expliquer ce phénomène? La coquille de l'œuf étant poreuse, les parties aqueuses de celui-ci peuvent s'évaporer et l'air extérieur pénétrer peu à peu à travers l'enveloppe pour en prendre la place. Il y a entre l'œuf et l'atmosphère un échange incessant; en d'autres termes, l'œuf respire à travers les parois de son enveloppe calcaire et la preuve c'est que si on le place dans des gaz irrespirables (acide carbonique, hydrogène, azote) ou qu'on l'entoure d'un vernis imperméable, alors même qu'on le soumet à une température convenable, le développement du germe ne s'opère pas, ou du moins il s'arrête au bout de peu de temps et l'œuf avorte.

Tandis que l'air entre dans l'œuf, il s'en échappe de l'acide carbonique et, si l'incubation se fait dans un espace limité, on constate par l'analyse que la quantité d'oxygène disparue a été remplacée par une quantité sensiblement équivalente d'acide carbonique (2).

Les œufs destinés à la reproduction doivent être recueillis au moins une fois par jour. Sans cette précaution les poules qui se succèdent sur un nid peuvent faire subir aux premiers pondus un

---

(1) On peut encore reconnaître l'âge des œufs en les plongeant pendant une seconde dans une solution de sel marin à 120 grammes pour 1 litre d'eau. L'œuf d'un jour descend au fond du vase, celui de deux jours un peu moins, celui de trois jours flotte au ras de la surface, celui de quatre jours sort un peu de l'eau en flottant. En un mot, ils s'enfoncent d'autant moins qu'ils sont plus âgés.

(2) Pendant les 20 jours de l'incubation, l'œuf de poule qui pesait 40 grammes, perd en poids 10 grammes 7. Il a absorbé 2 gr. 52 d'oxygène, rejeté 3 gr. 23 d'acide carbonique et 10 grammes de vapeur d'eau. (Baumgartner).

commencement d'incubation qui a pour résultat de tuer le germe si plusieurs jours se passent avant qu'ils soient confiés à une couveuse.

En attendant l'incubation, ces œufs sont placés dans un lieu frais et obscur; s'ils doivent voyager, on les emballe frais dans du son ou de la sciure de bois, le petit bout en bas, et l'on évite de les exposer à une température trop élevée.

On a dit, et plusieurs naturalistes, parmi lesquels nous citerons Geoffroy Saint-Hilaire et Prévost, ont cru pouvoir affirmer que les œufs dont les extrémités sont grosses et mousses donnent naissance à des femelles, tandis que les mâles proviennent de ceux dont les pôles sont plus

Armoire à œufs.

pointus. Mais bien des faits s'inscrivent en faux contre cette doctrine. D'ailleurs, tout ce qui a été écrit jusqu'ici sur la procréation des sexes est plus ou moins hypothétique et l'on est en droit de se demander si jamais le voile qui nous cache ce mystère sera soulevé.

Au dire des femmes de l'Archipel, l'œuf produit un coq si sa couronne est horizontale; il donne naissance à une poule si cette même couronne est oblique. Parmentier confirme cette assertion, qu'il est d'ailleurs facile de vérifier par le mirage des œufs.

Quant à la croyance d'après laquelle les gros œufs donneraient des mâles et les petits des femelles, on sait qu'elle ne repose sur aucun fondement.

Les couveuses doivent être installées dans un local particulier (le couvoir), plutôt sombre, où elles seront tranquilles et respireront un air pur, mais non trop sec.

Les œufs sont déposés soit dans des paniers d'osier, soit dans des caisses garnies de paille, mais le mieux, quand on opère en grand, est de faire usage des *boîtes à couver*, formées de deux compartiments, dont l'un, à parois pleines, renferme le nid de la poule, tandis que l'autre, à claire-voie, contient du sable.

Les paniers sont généralement placés sur des planches à 50 centimètres du sol et les boîtes disposées à terre.

Lorsque plusieurs poules occupent le couvoir, il est nécessaire

Boîte à couver.

de les distinguer et de connaître le nid de chacune. Il peut arriver, en effet, qu'une couveuse, après avoir quitté ses œufs, se place sur d'autres dont l'incubation est moins avancée; il en résulterait alors pour elle un surcroît de fatigue qu'il convient de lui éviter en la remettant sur son propre nid.

En outre, les paniers et les boîtes doivent porter une étiquette qui indique, avec le nom des espèces s'il y a lieu, le nombre des œufs et la date de la mise à couver. Ce dernier renseignement est très utile, parce qu'il permet de surveiller les éclosions.

Deux fois par jour, et à heure fixe, la nourriture est distribuée aux couveuses, mais c'est une mauvaise pratique de la mettre à leur portée, de manière à ce qu'elles puissent manger sans se déplacer. Il faut, en effet, que les poules sortent un peu de leur inaction, qu'elles se poudrent et se vident tout à la fois ; il importe donc de les obliger à quitter leurs œufs matin et soir. D'ailleurs, cette interruption ne nuit en rien au travail d'incubation, qu'elle semble plutôt favoriser en permettant aux œufs de *respirer* librement, c'est-à-dire de renouveler la provision d'oxygène dont ils ont besoin.

Ce qui précède s'applique aux poules laissées en liberté dans le couvoir. Quant à celles qui sont tenues enfermées dans des boîtes, on n'a qu'à les mettre, aux heures convenues, dans le compartiment à claire-voie où elles trouvent de quoi se poudrer, tout en prenant leur nourriture placée à l'extérieur.

S'il arrive qu'une poule refuse de manger, on lui fait avaler de force quelques pâtons de farine d'orge et de maïs.

Le temps pendant lequel il convient de lever les pou-

Mire-œufs Lagrange.

les est d'environ vingt minutes à chaque repas ; on profite de ce moment pour laver à l'eau tiède les œufs salis, pour enlever ceux qui seraient cassés et, au besoin, pour remplacer la paille du nid. Il est bon également d'enlever la fiente qui pourrait être attachée aux pattes des couveuses.

Les détails dans lesquels nous venons d'entrer paraîtront peut-être trop minutieux. Certes les poules de ferme amènent souvent leurs poussins toutes seules, mais l'on ne peut guère comparer les résultats obtenus dans ces conditions à ceux qu'obtiennent les éleveurs attentifs.

Après quelques jours d'incubation, il faut s'assurer de la fécondité des œufs au moyen du *mirage*, opération qui consiste à les examiner à la lumière d'une bougie ou d'une lampe. On trouve dans le commerce des appareils construits spécialement pour cet usage ; tels sont le mire-œufs Lagrange et l'ovoscope Roullier.

Beaucoup d'éleveurs se contentent de pratiquer une rainure dans la porte du couvoir et de présenter les œufs à cette fente pour les mirer. Cette manière de procéder, assez imparfaite, doit être laissée aux personnes expérimentées.

Si l'œuf est fécondé et l'embryon vivant, il se montre opaque et l'on aperçoit dans la masse du jaune un point noir d'où partent des filaments plus ou moins nombreux.

Si l'embryon est mort, la tache que nous venons de signaler est moins apparente, dépourvue de filaments et adhérente à la coquille.

Quant à l'œuf qui n'a pas été fécondé, il se distingue par sa transparence.

Ovoscope Roullier.

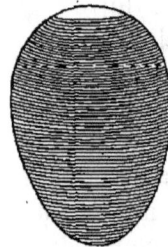

Œuf clair.

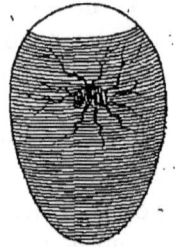

Œuf fécondé.

Il va sans dire que l'on doit retirer des paniers tout œuf qui ne se trouverait pas dans les conditions voulues pour éclore.

La poule couve de vingt et un à vingt-trois jours.

Au fur et à mesure des éclosions, on peut passer doucement la main sous la mère, de manière à enlever les coquilles brisées, mais, dans aucun cas, on ne doit aider le poussin à sortir de l'œuf. Guidée par son instinct, la poule seule a qualité pour intervenir.

Incubation artificielle.

L'incubation artificielle n'est pas, comme on pourrait le croire, une pratique nouvelle. Dès l'antiquité la plus reculée, les peuples de l'Inde y avaient recours et utilisaient, pour cela, la chaleur produite par la décomposition des matières organiques. S'il faut en croire les auteurs, ce moyen serait encore celui qu'emploient les Chinois modernes pour faire éclore les canards.

En Égypte, depuis des milliers d'années, on fait naître des poussins dans les fameux fours connus sous le nom de *mamals*.

Autrefois les mamals égyptiens étaient entre les mains des prêtres qui, seuls, s'occupaient de l'éclosion artificielle. Aujourd'hui l'opération dont il s'agit est confiée à de pauvres paysans, avec lesquels les propriétaires des fours partagent les bénéfices que rapporte cette industrie.

On trouve, en moyenne, un mamal pour quinze ou vingt villages. Les habitants apportent leurs œufs, reçoivent un bon en échange, et

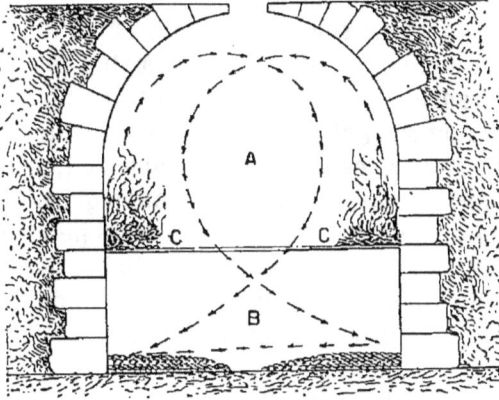

Couvoir égyptien souterrain.

reviennent, au bout de vingt-deux jours, chercher leurs poussins. Ceux-ci sont habituellement élevés par des femmes qui en soignent jusqu'à trois ou quatre cents à la fois.

La quantité de poulets produits annuellement par les mamals était d'une centaine de millions dans l'ancienne Egypte; on l'évalue actuellement à 30 millions.

Le four égyptien (que nous avons représenté en coupe) se compose essentiellement de deux chambres souterraines superposées; la chambre supérieure A est voûtée et contient l'appareil de chauffage. La superficie des chambres est égale; elles sont carrées et mesurent environ 2 mètres de côté; la hauteur de la chambre basse, B, est d'environ 80 centimètres tandis que celle de la chambre A est de 1 m. 60, mesure prise des rigoles qui servent de foyer, à l'issue percée au centre de la coupole. Le diaphragme C, qui sépare les deux chambres, est percé, au centre, d'une ouverture carrée de 80 centimètres de côté. Lorsque le feu est allumé, la chaleur, réfléchie par la voûte, pénètre dans la chambre inférieure par l'ouverture du diaphragme et se répand uniformément au-dessus des œufs qui sont maintenus ainsi à une température constante de 38 à 40 degrés centigrades. Malgré les imperfections de ce procédé, les pertes à l'éclosion, paraît-il, ne dépassent pas 12 pour 100.

Les premiers en Europe, les Romains installèrent des fours incubatoires dans leurs nombreuses exploitations agricoles, mais sans grand succès. Au moyen âge, le procédé égyptien fut expérimenté successivement à Malte, en Sicile, en Italie, puis en France. Charles VII fit construire un four à poulets au château d'Amboise, et François Ier un à Montrichard.

Toutes ces tentatives échouèrent, et malgré Olivier de Serres qui, lui aussi, s'occupa de cette question, les choses en restèrent là jusqu'en 1777, époque à laquelle le physicien Bonnemain établit un couvoir à Paris. Cet établissement était en pleine prospérité quand il fut ruiné par les alliés en 1815; mais l'impulsion était donnée, et l'incubation artificielle ne tarda pas à entrer dans le domaine de la pratique.

Il existe aujourd'hui des *incubateurs* ou *couveuses artificielles* de différents systèmes, mais qui tous sont construits d'après le même principe.

Représentés par des boîtes de dimensions variables qu'on installe sur des supports, ces appareils se composent essentiellement d'un réservoir à eau et de tiroirs pour les œufs. Seul, le moyen employé pour chauffer l'eau diffère. On se sert ici d'une lampe ou d'une briquette de charbon, là du thermo-siphon, etc.

Quant à la régularité de la *chauffe*, elle s'obtient à l'aide d'un mécanisme spécial.

Notre figure représente la coupe d'un incubateur à régulateur automatique. En A se trouve le réservoir d'eau; en B un plateau mobile perforé pour les œufs; en C une augette à eau pour humecter l'air; en D, des ouvertures pour le renouvellement de l'air; en E des bouches de ventilation; en F le registre du régulateur; en G le levier; en H un poids mobile pour régler la dilatation; en K des pièces de bois; en L une cheminée conduisant la chaleur à travers l'eau; en M de la sciure de bois; en N un thermomètre; en O une aiguille communiquant l'expansion de la capsule S au levier G; en P la vis d'arrêt de l'aiguille et le tube de remplissage; en S la capsule thermostatique; en T la lampe à pétrole; en V une cheminée pour l'échappement de l'excès de chaleur et en W une cheminée pour l'échappement des résidus de la combustion.

Comme nous l'avons dit, dans cet appareil la chaleur est réglée

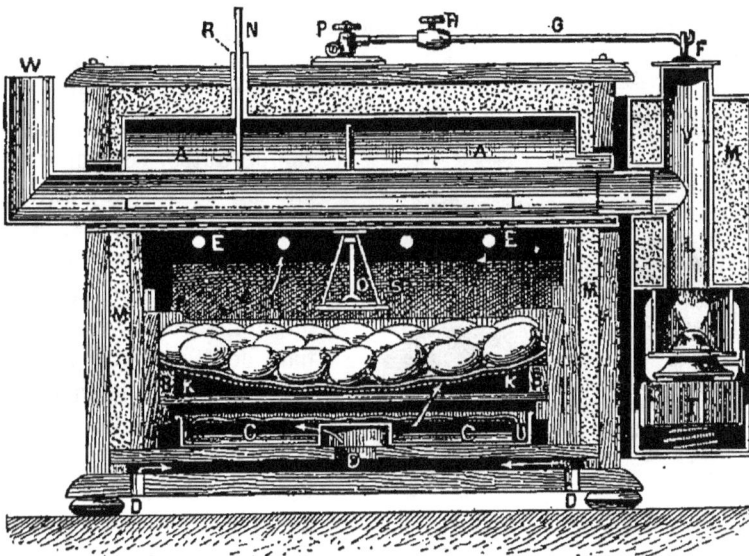

Incubateur à régulateur automatique.

automatiquement, mais, cependant, le mode de fonctionnement est loin d'être sans reproche. Comme la régulation ne s'opère qu'après que le degré voulu a été dépassé, l'eau de la chaudière peut emmagasiner plus de calorique qu'il est nécessaire. Il est vrai que cette saute de température ne dure pas longtemps quand on s'en aperçoit, mais, si l'opérateur ne veille pas, elle peut se maintenir assez pour nuire.

Le choix d'une couveuse doit être guidé surtout par la commodité que semble présenter l'appareil et par ses dimensions qui doivent être en rapport avec les besoins du moment. La réussite, en effet, est moins dans l'adoption de tel ou tel système que dans les soins de l'éleveur à surveiller sa machine. Tant vaut l'homme, tant vaut la chose, et les personnes qui s'adonnent à l'incubation artificielle ne doivent pas perdre de vue que la moindre distraction, la plus petite négligence de leur part, peut compromettre le succès de l'entreprise.

Cela dit, nous allons indiquer brièvement la manière de diriger les incubateurs.

Tout d'abord, il convient de placer ces appareils dans un local que l'on puisse aérer à volonté, mais cependant à l'abri des changements de tempérautre. On doit éviter également les trépidations, les bruits extérieurs, le voisinage des substances qui dégagent une odeur plus ou moins pénétrante et qui, par cela même, peuvent asphyxier le germe renfermé dans l'œuf.

On sait que la chaleur développée par la poule pendant l'incubation est ordinairement de 40°, mais qu'elle peut descendre à 37 et même

Couveuse d'amateur.

à 36°. Il faut donc que les œufs confiés à l'incubateur soient soumis, aussi régulièrement que possible, à une température comprise entre les deux points extrêmes. Toutefois, l'expérience a démontré que les œufs peuvent être refroidis impunément pendant quelques heures, ce qui se passe du reste à l'état de nature quand, volontairement ou involontairement, la femelle quitte son nid et abandonne sa couvée aux influences atmosphériques.

En résumé, la température donnée par le thermomètre de la couveuse doit être de 38 à 40° centigrades pendant les douze premiers jours de l'incubation, puis de 37 à 39° jusqu'au moment de l'éclosion.

Si l'appareil dont on dispose est neuf, il est prudent, avant de commencer l'opération, de le mettre en marche pendant un jour ou deux afin de l'éprouver.

Les œufs sont ensuite placés dans le tiroir, sur une couche de sable, de coton ou de paille brisée, et l'on a soin de les retourner régulièrement deux fois par jour. Vers le sixième jour, on les mire et l'on enlève ceux qui n'étaient pas fécondés ou dont l'embryon est mort.

La chaleur communiquée aux œufs par les incubateurs, quels qu'ils soient, est beaucoup plus sèche que la chaleur animale. On remédie à ce défaut d'humidité soit en passant, matin et soir, sur les œufs que l'on vient de retourner, une éponge imbibée d'eau à la température de la machine, soit en garnissant le fond de la couveuse d'un lit de sable humide.

On peut encore placer dans les tiroirs des vases plats remplis d'eau, ou étendre sur les œufs une couche d'herbe verte préalablement chauffée, etc.

Le vingt et unième jour, il faut s'abstenir de retourner les œufs, quand même ils seraient *béchés* sur le côté. A ce moment le poussin est placé la tête en haut, et l'on s'exposerait à changer sa position.

Enfin, nous le répétons, sous aucun prétexte, on ne doit aider le poulet à sortir de l'œuf.

Les appareils incubateurs donnent proportionnellement autant de naissances que la couveuse emplumée ; ils ont même sur celle-ci l'avantage de mettre la couvée à l'abri de la vermine, de ne salir ni de casser les œufs ; mais faire naître des poulets n'est rien si l'on ne parvient à les élever. A la naissance, les poussins ont besoin d'une éducatrice, et l'on ne remplacera jamais les soins intelligents donnés par la mère à sa couvée.

On le voit, la couveuse artificielle ne supprime pas la poule, mais lui vient en aide pour augmenter la production ; elle est utile pour faire éclore les poussins avant ou après la saison des couveuses et procurer des poulets précoces ; en outre, elle peut être appelée à remplacer la poule qui succombe ou abandonne ses œufs.

Éducation des poussins.

Après l'éclosion, les poussins sont confiés, soit à la poule couveuse, soit à la machine ou *mère artificielle,* mais, dans ce cas, il est nécessaire de leur faire passer d'abord quelques heures dans la *sécheuse,* sorte de boîte capitonnée, chauffée à une douce tempé-

Mère artificielle.

rature. Ce n'est qu'au bout de vingt-quatre heures qu'on leur donnera à manger.

La mie de pain rassis finement émiettée, les œufs durs hachés menu et quelques grains de millet ou de chènevis concassé composent la nourriture des premiers jours; on peut y ajouter de la salade hachée et un peu de sang desséché, mais il faut proscrire la farine et le lait, qui provoquent souvent une diarrhée mortelle. Après quelques jours de ce régime, on donne des pâtées préparées avec du blé noir, des pommes de terre, de la farine et quelques œufs; enfin, vers le quinzième jour, des grains concassés, des vers, de la viande, etc. D'ailleurs, à cet âge, les poussins peuvent aller à la basse-cour et, à un mois, ils ne réclament plus aucun soin particulier.

La distribution de la nourriture doit se faire quatre fois par jour et il importe d'y procéder d'une façon régulière.

Les aliments sont déposés dans des augettes ou sur des billots, de manière à éviter le piétinement; quant à la boisson, elle doit être souvent renouvelée.

Les poussins doivent avoir un logement particulier, dans lequel ils seront à l'abri du froid, de l'humidité et de la pluie. On le sait, les jeunes volailles se montrent très sensibles aux influences atmos-

Augette à pâtée pour les poussins.

phériques tant que leurs plumes ne sont pas poussées : il convient donc de les placer dans les conditions les plus favorables, pour leur permettre de traverser heureusement cette époque critique.

Habituellement, la poule est enfermée sous une *mue*, sorte de cage circulaire, dont les barreaux sont suffisamment écartés pour laisser aux poussins la faculté de sortir et de rentrer à volonté. Dès lors, ceux-ci peuvent manger dehors sans que la mère puisse accaparer leur nourriture.

Beaucoup d'éleveurs remplacent les mues par des boîtes à élevage, que l'on trouve dans le commerce et qui servent de logement à la couvée. Si l'on en fait usage, il faut avoir soin de placer ces boîtes à l'abri de la pluie.

En sortant de la sécheuse, les poussins qui doivent être élevés sans le concours de la poule sont placés dans des éleveuses artificielles. Ces appareils se composent d'une boîte en bois pourvue d'un récipient à eau chaude, sous lequel les jeunes peuvent se réfugier. Un cadre, également en bois, et recouvert d'un vitrage mobile, fait suite à la boîte et sert de promenoir.

Inutile d'ajouter que ce système d'élevage est des plus aléa-

Boîte à élevage.

toires. Nous avons, d'ailleurs, insisté suffisamment sur ce point en traitant de l'incubation, pour n'avoir pas à y revenir ici.

Engraissement.

L'aptitude à l'engraissement varie non seulement avec les races, mais encore, dans chaque race, avec les individus. Les bêtes trop jeunes ou trop âgées, ainsi que celles de grande taille, prennent difficilement la graisse.

Quelle que soit d'ailleurs la disposition naturelle des sujets, il convient de la développer en plaçant ceux-ci dans certaines conditions déterminées ; un repos absolu, l'absence de lumière et de bruit, une douce température, comprise entre 18 et 20° centigrades, sont autant de circonstances favorables.

Les poulets de quatre ou cinq mois sont *mis en chair*, mais non engraissés. Il faut, pour la réussite de cette opération, que les volailles aient achevé leur croissance.

On peut préparer les jeunes à la vente sans les priver de la liberté, mais le mieux est de les tenir enfermés dans un enclos et de leur distribuer, à des heures régulières, une ration composée de maïs, de sarrasin, de pommes de terre cuites écrasées et de recoupe. Trois semaines de ce régime suffisent généralement pour atteindre ce but.

L'engraissement des adultes se pratique de plusieurs manières. Dans tous les cas, on peut le commencer par le procédé que nous

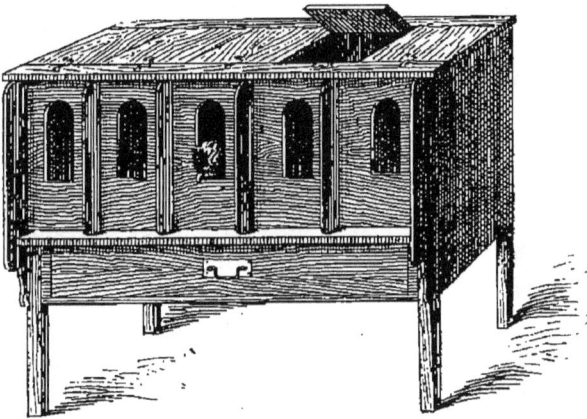

Épinette.

venons d'indiquer, après quoi les sujets sont mis dans l'*épinette*.

L'épinette est une sorte de cage dont la longueur varie suivant le nombre des individus à engraisser ; elle comprend plusieurs cases fermées en haut par une trappe ou par une planche à coulisse, latéralement par des cloisons pleines, en avant par une cloison percée d'un trou et inférieurement par des barreaux placés en travers. Chacune de ces cellules est construite de façon que l'animal ne puisse se retourner et voir ses voisins, même quand il allonge la tête par l'ouverture antérieure pour manger.

Il convient de placer en même temps dans l'épinette tous les poulets que l'on doit engraisser et de ne remplir les cases que lorsqu'ils ont tous atteint le degré voulu, car si l'on donnait aux cellules vacantes des occupants nouveaux, ceux-ci troubleraient le repos et retarderaient l'engraissement de leurs voisins.

On commence par donner aux volailles des grains, puis du pain délayé avec du lait ; plus tard, on leur distribue un mélange de farine, de grains, de son, de recoupe, de pommes de terre cuites, de tourteaux de noix, de chènevis, etc. Les repas sont servis trois fois par jour et à heure fixe.

Soignés de la sorte, les animaux acquièrent, en quinze ou vingt jours, un état d'embonpoint satisfaisant.

Le mode d'engraissement dont nous venons de parler est le plus répandu. A La Flèche et au Mans, les poulardes, qui ont les honneurs de l'épinette, sont choisies avec la chair blanche, la peau fine et souple. Au lieu de les laisser manger d'elles-mêmes, on leur fait avaler, deux fois par jour, des pâtons préparés avec des farines de sarrasin et d'avoine blutée pétries dans du lait : une personne prend la poule sur ses genoux et lui ouvre le bec, pendant qu'une autre introduit le pâton en le poussant aussi loin que possible.

Au début, les pâtons donnés à chaque repas sont au nombre de deux, mais on arrive progressivement à en faire prendre jusqu'à dix. Avant d'*empâter* la poule, il faut toujours examiner son jabot, afin de s'assurer que le dernier repas est complètement digéré.

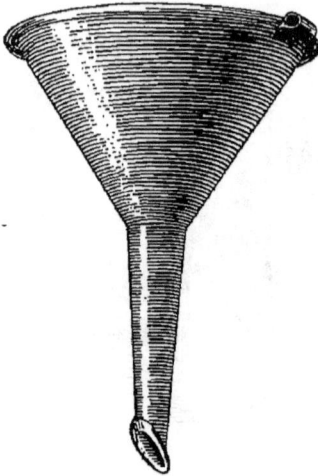

Entonnoir à gaver.

Moins coûteux que celui qu'on obtient avec les grains, cet engraissement dure en moyenne de seize à vingt jours. On reconnaît qu'il est achevé lorsque la poule a la peau complètement blanche et présente un amas de graisse entre les épaules.

Une autre manière de procéder consiste à introduire dans l'œsophage un entonnoir qui reçoit les aliments ; l'extrémité de l'appareil est coupée en diagonale et pourvue d'un rebord, afin de ne pas blesser les animaux (1).

---

(1) La nourriture, donnée sous forme de bouillie épaisse, est celle que nous avons indiquée pour l'engraissement par empâtement.

La poule est placée entre les genoux, la tête en haut ; on lui ouvre le bec, puis, après avoir introduit rapidement le goulot de l'entonnoir dans le conduit œsophagien, on y verse la bouillie de manière à remplir le jabot. Les aliments sont distribués trois fois par jour, et, pendant tout le temps que dure l'engraissement, les

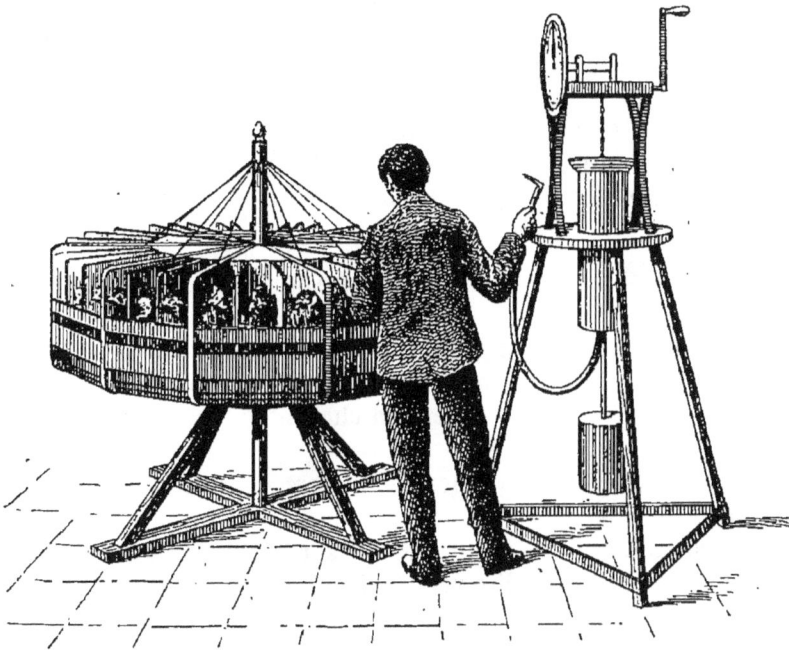

Gaveuse Odile Martin.

poules sont enfermées dans des caisses exposées à une température convenable, loin du bruit et de la lumière.

Pratiqué d'après cette méthode, l'engraissement par *entonnage*, lorsqu'il porte sur un certain nombre d'individus, ne laisse pas que de prendre beaucoup de temps. On remédie à cet inconvénient par l'emploi de la *gaveuse* de M. Odile Martin.

Cet appareil comprend des épinettes tournantes, dans lesquelles les poulets sont fixés par les pattes, à l'aide de petites entraves en peau qui ne les blessent pas et laissent la tête et les ailes complètement libres. Certaines de ces épinettes sont à étages et peuvent contenir jusqu'à deux cents volailles.

Pour administrer le repas à l'aide de la gaveuse, on saisit de la main gauche la tête du poulet, on lui introduit dans le gosier une lance, en communication avec un récipient par un tuyau en caoutchouc, puis, d'un coup de pédale, on lui envoie la ration voulue dans l'estomac. Un cadran permet de mesurer exactement, en centilitres, la quantité de nourriture qu'il convient de faire prendre à chaque animal, suivant son âge, son espèce et son degré d'engraissement.

Avec trois repas par jour, les poulets ont atteint, en dix-huit jours, l'état d'embonpoint voulu et la gaveuse permet de faire manger quatre cents volailles par heure.

Castration ou chaponnage.

Castration des oiseaux mâles. — De même que chez les autres espèces domestiques, la castration, chez les oiseaux de basse-cour, facilite l'engraissement et rend la chair plus tendre et plus savoureuse.

Le coq châtré prend le nom de *chapon* et la poule celui de *poularde.*

La castration doit être pratiquée sur le coq à l'âge de trois à quatre mois, c'est-à-dire vers la fin de l'été : avant cette époque, les testicules ne sont pas assez développés pour pouvoir être saisis et enlevés commodément. S'il s'agissait de châtrer un coq adulte, il faudrait attendre la fin de l'automne.

Le jeune poulet que l'on veut chaponner est maintenu sur le dos, le croupion tourné vers l'opérateur. Un aide porte la cuisse gauche contre le corps, tandis que la droite est écartée en arrière. Après avoir arraché les plumes sur le flanc droit, on pratique sur cette région une incision de 2 centimètres d'étendue, un peu oblique de dedans en dehors et d'avant en arrière. Cette incision faite à la peau, on divise les muscles très minces qui forment les parois abdominales, et, lorsqu'on arrive sur le péritoine (1), on

---

(1) Membrane qui tapisse l'intérieur du ventre.

le ponctionne en le soulevant avec des pinces, pour éviter d'intéresser l'intestin.

Cela fait, on introduit l'index de la main droite dans la plaie, en le glissant au-dessus de la masse intestinale, puis on le dirige vers la région dorsale au point d'articulation des deux dernières côtes où se trouvent les testicules. Avec l'ongle du doigt demi-fléchi on détache successivement ces deux organes qui sont extraits de la cavité abdominale. Il ne reste plus alors qu'à fermer la plaie à l'aide d'un point de suture.

Il arrive parfois que l'un des testicules, et même quelquefois tous les deux échappent au doigt de l'opérateur après avoir été détachés et vont se perdre dans l'abdomen où il n'est plus possible de les retrouver, mais ce fait n'influe en rien sur le résultat de l'opération.

On peut encore pratiquer la castration du coq en faisant une incision transversale en arrière du sternum et dans le plan médian, mais alors il est plus difficile d'atteindre les testicules.

Après le chaponnage, il est d'usage de couper la crête du poulet au ras de la tête. Cette pratique est fondée sur plusieurs motifs. Le premier et le plus important, c'est que l'organe dont il s'agit se flétrit, devient flasque et retombe d'une manière disgracieuse. En second lieu, la crête du coq constitue, avec ses testicules, un élément assez recherché de certaines préparations culinaires de sorte que l'éleveur de volailles trouve dans leur vente un des bénéfices de son exploitation. Enfin, l'excision de la crête marque le chapon d'un signe distinctif.

Pendant quelques jours, les chapons doivent être séparés des coqs de la basse-cour et enfermés à part dans un local clos. Il faut, en outre, leur supprimer les perchoirs pour qu'ils ne soient pas sollicités à faire des efforts musculaires qui pourraient nuire à la cicatrisation de la plaie et déterminer la sortie de l'intestin en dehors de la cavité abdominale. Leur nourriture doit consister, pendant une huitaine, dans une pâte de son ou de farine, avec de l'eau pure à discrétion. Au bout de ce temps, ils peuvent être rendus sans danger à la liberté.

Castration des oiseaux femelles. — C'est une croyance assez générale, que l'on pratique communément sur les femelles des oiseaux de basse-cour une véritable castration, c'est-à-dire une opération qui consiste, comme pour les femelles des mammifères, dans la destruction directe et immédiate de l'organe formateur des œufs. Cette croyance est une erreur (1). La plupart du temps, les poules et les autres volatiles femelles que l'on soumet à l'engraissement restent entiers. Les fameuses poulardes de La Flèche et du Mans sont, elles-mêmes, vendues le plus souvent sans avoir subi aucune opération.

On le voit, la castration de la poule peut être négligée sans inconvénient, c'est d'ailleurs une opération délicate qui réclame beaucoup d'habileté pour être menée à bien. Si on voulait la pratiquer d'une manière certaine, il faudrait détruire l'ovaire gauche (le droit est toujours atrophié), lequel se trouve situé exactement dans la région qui correspond au testicule gauche chez le coq. Formé par un amas de granulations, cet organe a déjà acquis un certain développement chez la poulette de trois à quatre mois. C'est donc à cet âge que la castration doit être tentée; plus tard le volume de la grappe ovarienne serait un obstacle à la réussite.

Pour châtrer la poule, on incise le flanc gauche dans une étendue de 2 centimètres; on introduit le doigt dans cette ouverture et on râcle l'ovaire avec l'ongle par un mouvement d'avant en arrière jusqu'à ce qu'il ne reste plus de granulations. Au fur et à mesure qu'on effectue ce grattage, les vésicules tombent dans la cavité abdominale, puis elles disparaissent par résorption. Il faut avoir soin, en opérant, de ne pas blesser les vaisseaux qui se trouvent situés au-dessus de l'ovaire.

On ferme ensuite la plaie par une suture, comme chez le coq.

Après la castration, les poules sont mises à part dans un lieu chaud; elles reçoivent comme nourriture de l'orge cuite, et de l'eau fraîche comme boisson.

L'expérience a prouvé qu'un temps sec est toujours favorable aux opérées.

---

(1) Dans quelques pays, et notamment en Bretagne, on fait subir aux femelles des oiseaux de basse-cour, une opération particulière qui ne saurait avoir de signification puisqu'elle ne s'adresse pas à l'organe de la génération laissé intact.

Produits et usages.

D'après les statistiques, la France donne annuellement 3 060 000 000 d'œufs évalués à la somme de 183 600 000 francs, et, dans le même laps de temps, Paris consomme 300 000 000 de ces produits dont la plupart sont fournis par la Normandie, la Flandre et la Picardie.

La qualité des œufs varie suivant la race et l'âge des volailles, mais elle est surtout liée à la nature des aliments qu'on leur distribue. L'orge, l'avoine et le sarrasin communiquent aux œufs un goût fin et agréable, tandis que les vers blancs, les hannetons et la nourriture animale les rendent détestables.

En dehors des causes que nous venons d'énumérer il en est une autre qui influe sur les œufs d'une manière particulièrement fâcheuse : c'est l'action du temps.

En gastronomes accomplis, les anciens Romains savaient apprécier la fraîcheur des œufs; ils appelaient *œufs d'or*, ceux du jour; *œufs d'argent*, ceux de la veille; enfin, *œufs de fer*, tous ceux qui avaient plus de deux jours. En revanche, les Chinois, sans doute beaucoup moins délicats, affectionnent particulièrement les œufs pourris.

Les œufs frais se reconnaissent à la teinte claire des coquilles, à la transparence des matières qu'ils renferment et à l'absence de la chambre à air dont nous avons déjà parlé. Ils ne donnent pas la sensation d'un ballottement intérieur lorsqu'on leur imprime une secousse, enfin, ils plongent au fond d'un vase rempli d'eau.

On le sait, la ponte est presque nulle l'hiver et très active l'été; il convient donc de rechercher les moyens de conserver les œufs destinés à l'alimentation. Les procédés sont nombreux ; le plus simple et le plus pratique consiste à les placer dans du son, le petit bout en bas, de manière à les préserver du contact de l'air; on peut aussi avoir recours au sable, à la poudre de charbon et au sel de cuisine employés dans les mêmes conditions que le son.

Un autre système, également susceptible de donner de bons

résultats, est celui par lequel les œufs, préalablement enduits de
cire et d'huile, sont conservés dans le sel.

En Amérique, on emploie une solution d'acide salicylique à
4 pour 1000 dans laquelle on plonge les œufs qu'on empêche de flot-
ter au moyen d'une planche placée sur le liquide. D'après le *Scien-
tific American*, les œufs ainsi traités se conservent pendant trois
mois, mais il faut les manger dès qu'on les retire du baril.

Malgré les avantages que semble présenter le procédé américain,
on doit lui préférer la conservation par les substances solides à
cause de la porosité des coquilles qui se laissent aisément traverser
par les liquides.

Si des œufs nous passons à la viande, nous voyons que la vente
de ce produit atteint annuellement, dans notre pays, le chiffre
respectable de 153 500 000 francs.

Les départements de l'Eure, du Loiret, d'Eure-et-Loir, de la
Nièvre, de l'Oise et de Seine-et-Oise expédient à Paris un grand
nombre de volailles, mais ce sont les départements de Saône-et-Loire
et de l'Ain qui fournissent les plus recherchées.

Quant aux chapons et aux poulardes, dont la réputation est si
méritée, ils sont engraissés dans la Sarthe, la Haute-Garonne et
le Calvados.

Le troisième produit de la poule est représenté par les plumes,
dont la quantité et la qualité varient suivant les races. Ces plumes
sont souvent employées dans la literie, mais elles agissent encore
comme engrais et se montrent surtout très actives au pied des es-
paliers et des vignes.

Enfin, reste le fumier que sa richesse en azote et en acide
phosphorique rend précieux et comparable au meilleur guano
du Pérou.

II. — LE DINDON

Le dindon est originaire des forêts d'Amérique. Après la découverte du nouveau monde, ce gallinacé fut introduit successivement en Espagne, en Angleterre, puis dans toute l'Europe.

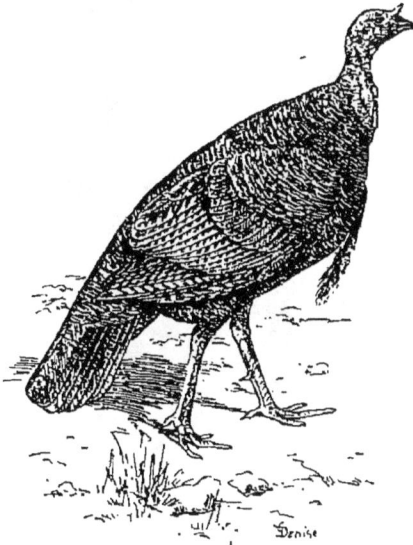

Dindon sauvage.

Suivant Anderson, le premier qui fut mangé en France parut sur la table royale en 1570 à l'occasion du mariage de Charles IX.

Le mâle, encore appelé coq d'Inde, partage avec le paon le privilège de pouvoir étaler les plumes de sa queue, c'est-à-dire de *faire la roue*.

A l'état sauvage, l'espèce dont il s'agit habite le pays compris entre le Canada et l'isthme de Panama. Sa taille, qui mesure jusqu'à 1 mètre, a été considérablement réduite par la domesticité.

Les dindons parcourent à pied les distances les plus longues avec la rapidité du meilleur chien ; leur vol est assez soutenu pour leur permettre de s'élever jusqu'au sommet des grands arbres et de franchir les cours d'eau. Pour voyager ils se réunissent toujours par bandes.

La nourriture de ces oiseaux se compose d'herbes, de graines, de reptiles, de lézards et de grenouilles. Poussés par la faim on

Dindon noir.

les voit quelquefois se rapprocher des lieux habités et se mêler aux oiseaux de basse-cour.

Vers la fin d'avril, la femelle se met en quête d'une place pour déposer ses œufs dont le nombre varie de dix à vingt. Une excavation du sol ou le tronc d'un arbre lui sert habituellement de refuge. Obligée de quitter sa couvée, elle la recouvre de feuilles pour la soustraire aux regards.

Il arrive quelquefois que plusieurs poules s'associent et réunissent leurs œufs dans le même nid alors constamment gardé par l'une des femelles.

Aussitôt après l'éclosion, la mère part avec ses petits. Ceux-ci sont attachés au sol pendant quinze jours. Au bout de ce temps ils s'envolent à la nuit sur les arbres.

On a essayé dans les fermes américaines de faire couver par une dinde domestique des œufs enlevés au nid d'une dinde sau-

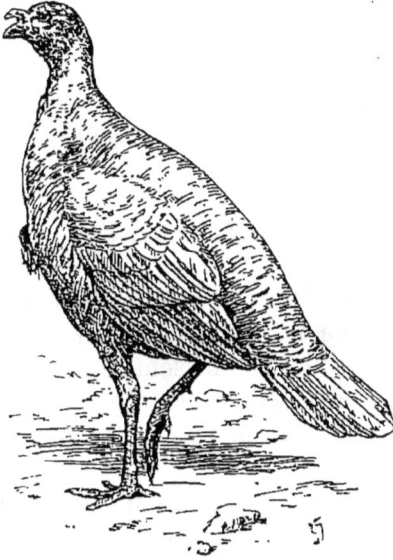

Dindon blanc.

vage et l'on a observé que les jeunes s'abstenaient de frayer avec les dindons privés.

Races.

Les principales races de dindons sont :

Le *dindon sauvage*, remarquable par l'élégance de ses formes et la richesse de son plumage aux reflets métalliques, par sa taille élevée ainsi que par un pinceau de crins qu'il porte en avant de la poitrine ;

Le *dindon ocellé*, au plumage vert bronzé et bleu saphir qui habite la baie de Honduras mais s'acclimate très bien en Europe où il est plutôt considéré comme un oiseau de luxe ;

Le *dindon noir*, qui se rapproche du type sauvage, avec une forte taille, un plumage et des pattes noirs et se trouve répandu un peu partout ;

Le *dindon blanc*, aux pattes roses, recherché particulièrement pour sa plume ;

Le *dindon rouge*, qui porte un plumage roux avec des ailes blanches à leur extrémité et que l'on rencontre en grand nombre dans les Ardennes ;

Puis, le *dindon gris*, le *dindon panaché* et enfin le *dindon d'Italie* dont la femelle est considérée comme la meilleure couveuse.

Habitation.

Les dindons adultes n'ont pas besoin d'être renfermés comme les poules ; il suffit de mettre à leur disposition un hangar ou tout autre abri sous lequel ils puissent se percher commodément. Dans tous les cas il convient de les séparer des autres habitants de la basse-cour qu'ils tourmentent et attaquent souvent sans aucun motif.

Le juchoir peut être représenté par un mât auquel on fixe des traverses, mais alors les oiseaux se querellent pour occuper les échelons les plus élevés et se salissent avec leur fiente ; aussi vaut-il mieux leur donner un perchoir composé de barres placées à la même hauteur et espacées entre elles de 50 centimètres environ.

Lorsqu'on ne possède qu'un petit nombre de ces animaux on se sert avantageusement d'une roue de voiture supportée horizontalement par un pieu.

Comme le poulailler, le local occupé par les dindons doit être tenu propre ; on y installe des augettes et des abreuvoirs et l'on a soin d'y mettre du sable à la disposition des oiseaux afin qu'ils puissent se poudrer.

Dans certaines contrées de la France, où l'élevage des dindons se fait en grand, les troupeaux sont conduits aux champs puis rentrés le soir dans une étable garnie d'une couche de paille. A la Noël tout est vendu et l'on n'a plus qu'à se préoccuper de l'entretien des reproducteurs.

Alimentation.

Abandonnés à eux-mêmes, les dindons recherchent les vers, les insectes, les lézards, les grenouilles et jusqu'aux reptiles. Ils acceptent également les herbes, les grains, les fruits, les racines, les tourteaux, les tubercules et se montrent très friands des mûres, des baies de sureau, des châtaignes, des glands, des faînes, etc.

On doit écarter de leur alimentation la laitue qui détermine la diarrhée, la vesce et la jarousse, susceptibles de provoquer des indigestions.

Les dindons aiment la liberté et ne réussissent bien que s'ils peuvent errer dans les bois et les bruyères. On les conduit aux champs deux fois par jour en ayant soin de les préserver du froid, de l'humidité et des ardeurs du soleil ; de les éloigner des lieux où croissent des plantes vénéneuses telles que la belladone, la jusquiame, l'aconit, la digitale, la ciguë, etc.

Lorsqu'ils sont tenus enfermés dans des parquets et ne peuvent aller à la recherche de leur nourriture, les dindons doivent faire deux repas par jour. Ceux-ci sont d'ailleurs composés des aliments que nous avons passé en revue en traitant de l'alimentation de la poule.

Reproduction.

Les différentes races de dindons sont également rustiques et également fécondes ; de plus, la dinde est une couveuse par excellence, quelle que soit la variété à laquelle elle appartient.

Il faut choisir pour la reproduction des mâles de deux ans. L'âge de ceux-ci se reconnaît aux pattes qui deviennent rouges à partir de la deuxième année pour se montrer écailleuses ensuite.

Pendant trois ou quatre ans, les coqs sont très vigoureux et peuvent suffire à six ou huit femelles ; gardés plus longtemps, ils deviennent lourds, ne donnent que de mauvais produits et ne sont, d'ailleurs, plus susceptibles d'être engraissés.

Passé leur première année, les dindes sont aptes à la reproduction et se montrent très fécondes pendant cinq ou six ans ; elles font habituellement une ponte par année, quelquefois deux ; la première au commencement d'avril de quinze à vingt œufs ; la seconde après la mue, dans le courant d'août, mais de dix à douze œufs seulement. La ponte a lieu généralement tous les deux jours.

A moins d'être tenue enfermée, la dinde pond rarement dans le poulailler ; elle a le défaut de cacher ses œufs et de les déposer dans un lieu écarté. Il faut donc la surveiller ou mieux l'empêcher de sortir, et, dans ce dernier cas, mettre à sa disposition des broussailles et de la paille qui lui serviront à installer son nid.

Lorsqu'on possède un certain nombre de ces poules, on enlève les œufs au fur et à mesure qu'ils sont pondus, puis on y inscrit la date de manière à pouvoir composer, autant que possible, les couvées avec des œufs du même jour et obtenir ainsi une éclosion plus régulière, mais il faut avoir soin d'en laisser toujours un dans le nid afin de ne pas voir abandonner celui-ci par les pondeuses (1).

Incubation.

Vers la fin de leur ponte, les dindes manifestent l'intention de couver par un gloussement semblable à celui de la poule ; comme cette dernière, elles perdent les plumes du ventre, recherchent la solitude et restent volontiers sur les œufs.

Si on veut les empêcher de couver, on les attache par la patte à un piquet et on leur distribue pendant deux ou trois jours une nourriture rafraîchissante, composée de son et de salade hachée.

Quand, au contraire, on doit leur donner des œufs, on installe près de terre, sur une couche de bruyère ou de sciure de bois, de manière à éviter l'humidité du sol, un panier ou une boîte que l'on garnit de paille ou de foin sec.

Le plus souvent la poule se place d'elle-même sur le nid qu'on lui a préparé et dans lequel on réunit généralement vingt œufs ;

---

(1) La dinde est très défiante de sa nature, aussi doit-on lui laisser un œuf naturel qu'une marque permet de distinguer des autres et ne jamais avoir recours aux œufs artificiels qui servent pour la poule.

quand elle refuse on l'y met de force puis on la couvre d'une couverture.

Les couveuses sont tenues dans un lieu calme et un peu obscur. Pendant toute la durée de l'incubation, qui est de vingt-huit à trente-deux jours, on leur sert régulièrement deux repas par jour et, si elles s'obstinent à ne pas quitter leur nid pour manger, ce qui arrive fréquemment, on les dépose à terre et l'on choisit ce moment pour enlever les ordures qui pourraient souiller les œufs.

Le temps à accorder aux couveuses pour prendre leur nourriture et se poudrer est de dix à quinze minutes.

Si les nids ne sont pas recouverts d'une claie, il convient de les éloigner les uns des autres afin d'empêcher les dindes de se battre ou de se voler leurs œufs ; enfin, on interdit aux dindons l'accès du couvoir.

Après huit ou dix jours, on mire les œufs, on rejette ceux qui sont clairs, puis, si l'on a eu soin de mettre couver plusieurs dindes le même jour, on égalise ou l'on change les couvées.

Nous avons vu que les poules d'Inde peuvent pondre deux fois par an mais les couvées du printemps réussissent mieux que celles du mois d'août, d'abord parce que les premières renferment moins d'œufs clairs et ensuite parce que les dindonneaux supportent difficilement les pluies de l'automne. Par contre les sujets qui résistent se trouvent engraissés pour l'hiver et, par cela même, acquièrent une valeur plus grande.

Lorsque plusieurs dindes couvent à la fois et que l'éclosion de leurs œufs se produit en même temps, on peut sans inconvénient confier deux familles de dindonneaux à la même mère. Celle qu'on sépare ainsi de ses petits recommence à pondre et termine sa couvée avant les premiers froids.

La dinde présente ceci de particulier qu'elle couve non seulement après sa ponte, mais à peu près en toute saison et chaque fois qu'on lui présente des œufs. On profite de cette circonstance pour lui donner des œufs de poule ou de cane. Excellente mère, elle défend ses petits avec courage et peut conduire jusqu'à soixante poulets ; aussi, bien qu'elle risque d'en écraser un certain nombre par maladresse, il peut être avantageux de la substituer à la poule. Celle-ci, privée de ses poussins une quinzaine de jours après l'éclosion, se remet à pondre, ce qui est tout bénéfice pour l'éleveur.

Le stratagème employé pour amener la dinde à adopter des poussins qu'elle n'a pas fait éclore consiste à la placer sur des œufs mauvais pendant deux ou trois jours, puis, par une nuit sombre, à remplacer ceux-ci par les poussins que dès le lendemain elle conduira sans difficulté.

Éducation des dindonneaux.

L'éclosion des dindonneaux commence ordinairement après le vingt-huitième jour et dure environ vingt-quatre heures pendant lesquelles il est prudent de ne pas déranger la poule qui doit boire et manger sur sa couvée.

Nous rappellerons qu'il ne faut jamais tenter de délivrer les petits en les aidant à sortir de l'œuf parce qu'alors on les tue fatalement.

L'éclosion terminée, on place la mère sur un autre nid puis on glisse doucement sous elle les dindonneaux qu'on laisse ainsi pendant douze ou quinze heures.

Il faut avant tout aux jeunes, pour qu'ils puissent se sécher et se vivifier, une température sensiblement égale à celle de l'œuf couvé. On doit leur faire attendre leur première nourriture pendant vingt-quatre heures.

Durant la première semaine, on nourrit les dindonneaux soit avec des œufs durs hachés menu et mêlés avec de la mie de pain rassis émiettée, soit exclusivement avec des œufs. Dans tous les cas, il convient de leur distribuer peu de nourriture à la fois et de porter le nombre des repas à sept ou huit par jour.

Il arrive souvent que les dindonneaux refusent de manger, alors on leur donne la becquée pendant deux ou trois jours en leur faisant prendre avec précaution quelques parcelles d'aliments.

A chaque repas, on les fait boire dans un vase peu profond que l'on retire ensuite pour les empêcher de s'y mouiller et l'on éloigne la mère qui s'emparerait de la pâtée.

Au bout de huit jours, on mélange aux œufs et au pain de l'ortie blanche, du persil et des oignons ; enfin, la troisième semaine, on

supprime les œufs et l'on commence à donner une pâtée faite de
son et de farine d'orge délayés avec du lait écrémé ; puis, des
pois cuits, de la graine de laitue et surtout du millet, dont les dindonneaux sont friands.

Si leurs excréments sont trop durs, on leur distribue du lait
caillé ; on leur fait boire un peu de vin sucré étendu d'eau si la
digestion est difficile.

Après trois semaines, les dindonneaux peuvent se nourrir de
grains ; mais, jusqu'à la fin du second mois, ils doivent être tenus
enfermés dans une chambre chauffée et sablée que l'on puisse
facilement aérer et dont la température oscille autour de 10° centigrades.

Par un temps très beau, on peut laisser sortir les jeunes quelques heures, mais il faut les sécher promptement devant un bon
feu s'il leur arrive d'être mouillés.

Jusqu'à l'âge de deux mois, les dindonneaux ont la tête recouverte d'un simple duvet et ne possèdent ni caroncules, ni pende-
loques. Or, le développement de ces organes provoque une crise
d'autant plus violente que les jeunes sont moins robustes.

On le voit, la *crise du rouge* est moins une maladie qu'une
phase de la jeunesse pendant laquelle les caroncules et les pende-
loques s'injectent et prennent la couleur rouge qu'on leur connaît
chez les adultes.

Passé cette période critique l'animal a acquis toute sa force et
l'on peut se dispenser de lui prodiguer des soins particuliers, mais
jusque-là il est nécessaire de veiller sur lui avec la plus grande
sollicitude en le préservant surtout du froid et de l'humidité.

La crise du rouge s'annonce par une faiblesse générale ; les
oiseaux ont la démarche lente, les ailes pendantes, le plumage
terne et hérissé ; bientôt, si la maladie progresse, apparaît la
diarrhée ; enfin, la mort ne tarde pas à survenir.

Lorsque le moment de cette crise approche, il faut revenir au
régime des premiers jours, c'est-à-dire à la pâtée de mie de pain
avec des oignons, des orties blanches et du persil, le tout haché
menu et bien mélangé. On peut donner également une pâtée de
farine d'avoine ou de sarrasin additionnée d'un peu de poudre de
gentiane ou de quinquina dans le but de fortifier l'organisme, puis
des baies de genièvre, quelques grains de poivre, etc. Mais un

régime mixte, c'est-à-dire dans lequel entrent de la viande crue hachée et du sang frais ou desséché est celui que nous conseillons ici de préférence.

Quant au traitement thérapeutique de la maladie qui nous occupe, celui qui s'est montré jusqu'ici le plus efficace est renfermé dans la formule suivante due à M. Mille :

Cannelle de Chine en poudre	1 500 grammes.
Gingembre en poudre.	5 000 —
Gentiane.	500 —
Anis.	500 —
Carbonate de fer.	2 500 —

On mélange une cuillerée à café de cette poudre à la pâtée de vingt dindonneaux au repas du matin et la même dose au repas du soir.

D'après M. Mille, il serait nécessaire de commencer le traitement quinze jours environ avant l'apparition du rouge et de le continuer quinze jours ou trois semaines après la disparition des derniers symptômes.

Engraissement.

On ne doit engraisser les dindons que lorsqu'ils ont terminé leur croissance, c'est-à-dire vers le sixième ou le septième mois.

Durant les quinze premiers jours, on se borne à donner aux animaux un supplément de nourriture lorsqu'ils reviennent des champs. Ce sont généralement les pommes de terre, les topinambours, les déchets de grains, les betteraves, les noix, les châtaignes, les glands et les faînes qui composent ce supplément.

Pendant la deuxième quinzaine, on remplace les légumes et les fruits par une pâtée faite de pommes de terre cuites écrasées, de farine de sarrasin, d'orge, de maïs, le tout délayé dans du lait caillé et donné deux fois par jour. Enfin, on termine en administrant sous forme de *pâtons*, et pendant une semaine, cette même

nourriture. Le nombre de boulettes augmente progressivement ;
quant à la manière de les administrer, nous renvoyons à ce qui a
été dit à l'article relatif à l'engraissement des poulets.

Dans quelques pays, notamment à Toulouse, les dindons sont
conduits aux champs, puis gavés matin et soir avec des pâtons de
farine de maïs bouillie et délayée dans de l'eau ou du petit-lait.
Les grands éleveurs se servent aujourd'hui de la *gaveuse* pour
cette dernière opération.

Dans le Morvan et sur quelques points de la Flandre française,
on fait avaler aux dindons que l'on veut engraisser des noix en-
tières avec leurs coques. On commence par leur en introduire une
dans le gosier, le lendemain deux, puis trois, puis quatre, et tous
les jours ainsi en augmentant d'une.

Les dindes engraissent mieux que les dindons ; il y aurait certainement avantage à *chaponner* ceux-ci, mais cette opération,
très simple et relativement bénigne chez le coq, se montre ici
d'une exécution difficile et souvent dangereuse dans ses suites,
toutes raisons pour lesquelles on néglige de la pratiquer.

Produits et usages.

Le principal produit de l'élevage du dindon est sa chair, dont
il serait superflu de faire l'éloge, et à laquelle l'adjonction des
truffes a donné, suivant la spirituelle expression de Fr. Gérard,
« une certaine importance gouvernementale et diplomatique ».
Il s'en fait annuellement une énorme consommation dans les
grandes villes; on la mange le plus souvent fraîche; mais on peut
aussi la saler ou la conserver dans le saindoux.

La graisse du dindon est fine et délicate. Les œufs ne sont pas
assez nombreux pour former un aliment journalier; ils sont d'ailleurs moins estimés que ceux de la poule; cependant, mélangés
avec ces derniers, ils rendent les omelettes plus délicates; on les
préfère aussi pour la confection de la pâtisserie.

Les plumes sont trop grosses pour pouvoir remplacer dans tous
les cas celles de la poule, de l'oie ou du canard; cependant, celles
de la queue et des ailes, qui servent à la confection des plu-

meaux, ont une certaine valeur. Les doubles plumes longues et tombantes, qui, chez cet oiseau, recouvrent les cuisses et le bas des flancs, sont souvent employées, par les femmes des colons et des fermiers, pour faire des palatines. Les plumes des dindons blancs sont recherchées pour la parure et peuvent, par leur vente, procurer d'importants bénéfices. La fiente du dindon, comme celle des poules et des pigeons, constitue un excellent engrais pour les terres.

III. — LA PINTADE

La pintade ou *poule de Numidie* fait partie de l'ordre des gallinacés.

Originaire de l'ouest de l'Afrique, cet oiseau est connu en Europe dès la plus haute antiquité; toutefois il disparut de notre conti-

Pintade grise.

nent pendant plusieurs siècles et fut enfin retrouvé, vers le milieu du xv⁰ siècle, à la Jamaïque et à Cuba, par les Portugais qui l'importèrent de nouveau.

A l'état sauvage les pintades habitent de préférence les forêts et les vallées broussailleuses, où elles vivent en bandes. Obligées de se déplacer, elles se groupent par familles et franchissent à la course des distances énormes, ne s'arrêtant qu'au crépuscule pour se percher sur les arbres. Quant à leur régime, il varie suivant les localités et les saisons ; au printemps elles se nourrissent surtout d'insectes ; plus tard, elles mangent des feuilles, des pousses d'herbes, des bourgeons, des baies et des graines de toute espèce ;

enfin, l'hiver, elles se répandent dans les champs cultivés et causent ainsi de grands dommages, ce qui les fait détester à la Jamaïque où elles sont l'objet d'une guerre acharnée : après avoir semé sur leur passage des grains macérés dans du rhum, qui les enivre, on s'emparent d'elles sans difficulté.

La pintade pond environ une douzaine d'œufs qu'elle cache soi-

Pintade vulturine.

gneusement dans les hautes herbes ou dans les fourrés. Peu de temps après leur éclosion, les pintadeaux accompagnent leurs parents dans leurs excursions et passent la nuit sur les arbres à côté d'eux.

Races.

On connaît plusieurs variétés de pintades parmi lesquelles nous citerons :

La *pintade grise*, au plumage noir ardoisé recouvert de très nombreuses taches blanches ; la *pintade blanche ;* la *pintade lilas ;* la *pintade panachée*, dont le plumage est mélangé de gris cendré et de lilas ; la *pintade à tiare*, au plumage noir pointillé de blanc et dont la tête est surmontée d'un ornement en forme de tiare ; la *pintade à joues bleues ;* la *pintade mitrée*, au plumage noir foncé parsemé de taches blanches avec une mitre conique sur la tête ; enfin, la *pintade vulturine*, la plus grande et la plus belle des variétés, d'un prix très élevé, et encore peu répandue en France.

Habitation.

Comme le dindon, la pintade commune se montre très rustique et peut se passer d'une habitation close. Un abri quelconque avec un perchoir est tout ce qu'elle réclame ; toutefois, si elle doit habiter la basse-cour, il convient de lui accorder un local particulier sous peine de voir le mâle exercer sa méchanceté sur les poules, qu'il assomme à coups de bec.

Quant aux autres variétés, non encore complètement acclimatées, elles sont plus délicates et exigent des abris bien clos, des soins plus minutieux.

Alimentation.

La nourriture de la pintade est la même que celle de la dinde ; il lui faut, comme à cette dernière, un vaste parcours, de l'herbe et des insectes. On doit lui interdire l'accès des jardins, des pelouses et des terres cultivées à cause des dégâts qu'elle commet.

« Les pintades, dit M. Z. Gerbe, ont des heures marquées pendant lesquelles elles pourvoient à leur subsistance. C'est pour l'ordinaire le matin et le soir qu'on les voit courir dans les halliers, dans les buissons, pour chercher leur nourriture ou se rendre au lieu habituel dans lequel elles trouvent celle que la main de l'homme leur fournit. »

Reproduction.

Quelques auteurs, parmi lesquels M. L. Mauger, recommandent de choisir, pour la reproduction, des sujets de robe plutôt foncée que grise et sans aucune tache blanche au poitrail, ceux-ci se montrant plus rustiques que les autres.

Bien qu'à l'état sauvage les pintades soient monogames, le mâle peut cependant suffire à huit ou dix femelles. Le mâle se distingue par la longueur de ses caroncules et la couleur de ses joues d'un bleu plus foncé que chez la poule.

De ses mœurs sauvages, la pintade a gardé la fâcheuse habitude de pondre loin du poulailler, aussi doit-on la surveiller afin de recueillir ses œufs à mesure de leur arrivée, mais en ayant soin d'en laisser toujours un dans le nid.

Commencée dès les premières chaleurs du printemps, la ponte se continue jusqu'à l'automne et peut donner de cinquante à soixante œufs.

Incubation.

Après avoir recueilli les œufs de la pintade on peut les lui rendre dès qu'elle manifeste l'envie de couver, mais elle est si remuante et si peu soucieuse de sa progéniture, que le plus souvent on préfère les confier à la poule, à la dinde ou même à la couveuse artificielle.

D'ailleurs les soins à donner à la pintade qui couve sont en tout semblables à ceux que nous avons indiqués pour la dinde.

Le nombre d'œufs à réunir dans une couvée est de dix-huit à vingt. L'éclosion des pintadeaux a lieu au bout de vingt-huit à trente jours.

Éducation des pintadeaux.

En sortant de l'œuf, les pintadeaux n'ont encore rien du plumage qui doit les distinguer plus tard. Comme tous les jeunes gallinacés, ils sont couverts d'un duvet doux et soyeux.

De même que les dindonneaux, ils sont très délicats et très difficiles à élever. Aussi la première précaution à prendre est-elle de les préserver du froid et de l'humidité en les plaçant dans un local chaud et sec où ils demeureront toutes les fois que le temps sera mauvais.

Lorsqu'il fait chaud et que l'on veut sortir les jeunes, il est indispensable d'enfermer la mère, qui emmènerait sa couvée trop loin.

La première nourriture des pintadeaux se compose d'œufs durs écrasés et délayés dans du lait avec des œufs de fourmis. Au bout de quelques jours on ajoute aux œufs durs de la mie de pain émiettée, des orties ou de la laitue hachée, du son, du millet, du chènevis, etc. On peut donner également le riz cuit, la chicorée, le cerfeuil et la farine de maïs.

Au reste, l'hygiène des pintadeaux est la même que celle des dindonneaux. Comme ceux-ci ils subissent la crise du rouge, et il est bon, à ce moment, de mêler à leur pâtée des matières excitantes telles que : chènevis, persil, etc. ; des toniques : quinquina, gentiane, etc. Si la crise se montre avec quelque intensité, on fait intervenir le traitement que nous avons indiqué pour le dindon.

La pintade élevée en domesticité conserve toujours plus ou moins son naturel sauvage, et il semble même qu'il empire à certains égards. Turbulente, inquiète, impatiente, d'humeur dominatrice, elle pousse presque constamment son cri aigu et perçant. Elle se bat souvent, soit contre ses semblables, soit contre les poules ou les dindons; et bien que d'une taille inférieure, elle a ordinairement l'avantage contre ces derniers, grâce à son agilité, à la vivacité et à la brusquerie de ses mouvements, à ses attaques précipitées et réitérées, à la force et à la dureté de son bec.

Engraissement.

La pintade s'entretient facilement en bon état de chair, mais elle ne prend pas la graisse comme les autres gallinacés. On peut la livrer à la consommation à l'âge de sept ou huit mois; pour la préparer, il suffit de la nourrir largement avec du grain et de la farine pendant une semaine ou deux.

Produits et usages.

La pintade donne une chair délicate et recherchée, d'une saveur particulière qui rappelle celle de la chair du faisan. Les gourmets se gardent de saigner cette volaille, et, suivant l'expression de M. de Cherville, « la laissent mûrir avant de la mettre en salmis ou à la broche. »

Outre sa chair, le gallinacé qui nous occupe fournit encore ses œufs, très appréciés pour leur délicatesse, et ses plumes qui servent aux mêmes usages que les plumes de la poule.

IV. — LE PIGEON

Le pigeon forme à lui seul l'ordre des colombidés. Comme la plupart des gallinacés, les colombidés sont très sociables et vivent généralement en familles plus ou moins nombreuses. Ils habitent de préférence les forêts de grands arbres, les crêtes des rochers, les plaines fertiles et recherchent surtout les lieux frais et humides.

Essentiellement granivores, les pigeons vivent principalement de graminées, de légumineuses et aussi, parfois, de glands, de faînes et de jeunes pousses. Cependant quelques espèces se nourrissent aussi d'insectes, de larves de fourmis, voire même de petits mollusques.

Pigeon ramier.

Au printemps, les couples se forment et s'isolent pour construire leur nid. La ponte, dans nos climats du moins, n'a lieu qu'une fois par an ; elle se compose de deux œufs, l'un mâle et l'autre femelle, à très peu d'exceptions près.

L'incubation, qui dure de douze à quinze jours, est faite alternativement par le mâle et la femelle.

La plupart des espèces de pigeons ont un vol extrêmement rapide et entreprennent chaque année à la même époque des migrations lointaines.

Aussitôt après la reproduction, ces oiseaux s'assemblent dans le but de gagner un climat plus doux et de se procurer une nourriture plus abondante.

C'est généralement vers l'automne que commencent ces déplacements qui, toujours, ont lieu du nord vers le midi.

Races.

Les races de pigeons sont nombreuses. D'après M. J. Pelletan, la France n'en possède que trois espèces : le *pigeon ramier*, le *pigeon colombin* et le *pigeon biset*, ce dernier pouvant être considéré comme la souche de tous les pigeons de colombier et de volière que nous étudierons plus loin.

Le *pigeon ramier*, désigné encore sous les noms de *pigeon des bois*, *pigeon sauvage*, est caractérisé par son plumage gris cendré, plus ou moins bleuâtre, avec les côtés et le dessus du cou d'un vert doré. On le trouve dans toute l'Europe, mais surtout en Suède. Il émigre en hiver dans le nord de l'Afrique.

Pigeon biset.

Le ramier habite les forêts, les montagnes et les plaines quand il ne fixe pas sa demeure dans les villages et même dans les villes. Sa nourriture se compose de graines oléagineuses, de glands, de faînes, de céréales et de graminées; exceptionnellement, de limaces et de vers.

C'est par l'intermédiaire d'un ramier que Marie Stuart correspondait du fond de sa prison de Tutbury avec un gentilhomme qui avait juré de la délivrer. Malheureusement un gardien abattit un jour l'oiseau d'une flèche, ce qui fit découvrir le complot.

Ce sont aussi des ramiers que Latude, ce légendaire prisonnier qui passa trente-cinq années de sa vie à la Bastille, était parvenu à apprivoiser.

Le *pigeon colombin* ou *petit ramier* a beaucoup d'analogie avec le précédent. Il habite les mêmes lieux que le ramier et se nourrit de la même manière; il émigre à l'automne vers l'Égypte et la Barbarie.

Le *pigeon biset*, encore appelé *pigeon des champs*, a le plumage bleu cendré; les côtés du cou d'un vert chatoyant, le croupion blanc et deux bandes transversales noires sur les ailes. Cet oiseau se rencontre en Europe, dans une partie de l'Asie et le nord de l'Afrique. Il niche de préférence dans les ruines et le creux des rochers; rarement dans les forêts. Sa nourriture consiste surtout en graminées et en légumineuses.

Comme nous l'avons dit, le biset passe pour être le point de départ des nombreuses variétés de pigeons domestiques que nous possédons et dont nous allons examiner les principales.

Le *biset fuyard* ou *pigeon commun* est la race que l'on rencontre le plus communément dans les colombiers de nos campagnes. Bien que domestique, cet oiseau redevient facilement sauvage. Il fait deux ou trois pontes par an jusqu'à l'âge de quatre ou cinq ans.

Le *pigeon mondain*, dont le plumage et la taille varient, se montre plus familier que le précédent et se reproduit en cage comme en volière.

Le *pigeon romain*, très commun en Italie, est le plus gros et le plus recherché de tous. Il donne de quatre à six couvées par an, et fournit des pigeonneaux remarquables par leur poids et par la délicatesse de leur chair.

Le *pigeon bagadais*, presque aussi gros que le précédent, se distingue par le développement caronculeux de la membrane qui recouvre les narines et par des rubans qui cerclent les yeux. Son plumage est blanc ou de couleur sombre. Originaire d'Orient, cet oiseau se montre querelleur, peu fécond et maladroit à couver.

Le *pigeon boulant* ou *grosse gorge* se distingue par le développement de son jabot; il est très fécond, mais tardif dans son développement.

Le *pigeon lillois* est petit avec un bec très mince.

Le *pigeon cavalier*, haut et mince, porte un plumage ordinairement blanc et présente un filet rouge autour de l'œil.

Le *pigeon polonais*, recherché des amateurs comme oiseau d'agrément, est de petite taille; sa tête est carrée et aplatie; son bec gros et court.

Le *pigeon nonain* ou *jacobin* porte sur la tête une sorte de capuchon formé par les plumes du cou.

Le *pigeon coquillé* a la tête surmontée d'une touffe de plumes en forme de casque.

Le *pigeon cravaté* est caractérisé tant par les plumes de sa gorge, qui sont redressées et frisées, que par un bec très court.

Pigeon boulant.   Pigeon cravaté.

Le *pigeon trembleur*, continuellement agité par un tremblement de la tête et du cou, se montre assez fécond, mais difficile à élever.

Le *pigeon-paon* a la queue ornée de trente à quarante plumes (1) qu'il étale et redresse au point de leur faire rejoindre sa tête.

Le *pigeon pattu* se distingue par ses pieds couverts de plumes jusqu'au bout des doigts. Il est à remarquer que les pigeons pattus ne forment pas une race. En effet, beaucoup d'autres présentent ce caractère d'être emplumés jusqu'aux phalanges. Aussi, comme le dit M. Pelletan, on ne peut rattacher à cette division

(1) Le nombre normal est de douze ou quatorze chez les autres pigeons.

que ceux qui ne peuvent entrer dans les autres, faute de caractères distinctifs saillants.

Le *pigeon tambour* fait entendre un roucoulement sourd et saccadé, qui rappelle le roulement du tambour. Il a les pattes emplumées et la base du bec ornée d'une huppe.

Le *pigeon culbutant*, ainsi nommé parce qu'il exécute la culbute en volant pour redescendre, est de petite taille avec le bec court et un léger filet rouge autour des yeux.

Le *pigeon tournant*, au lieu de culbuter, décrit des cercles absolument comme un oiseau qui a du plomb dans l'aile.

Le *pigeon volant* ou *pigeon messager*, par lequel nous terminerons, est des plus intéressants à étudier.

Désigné vulgairement sous le nom de *pigeon voyageur*, cet oiseau est de la taille du biset. Il se distingue par ses formes gracieuses, par son bec petit et court, orné à la base

Pigeon trembleur.

de caroncules blanches peu développées, par ses yeux vifs, sa tête convexe, ses ailes longues et pointues.

Plus sédentaire que le biset fuyard, le pigeon volant cherche peu sa nourriture au dehors, et, par conséquent, exige une ration plus copieuse. Il est très attaché à son colombier, et, pour l'habituer à une nouvelle demeure, on se trouve souvent obligé de l'enfermer jusqu'à ce qu'il ait une couvée qui le retienne dans son habitation.

Cette tendance du pigeon à revenir toujours au point d'où il est parti, la rapidité de son vol, l'ont fait employer, dès l'antiquité la plus reculée, au transport des dépêches.

C'étaient des pigeons qui, chez les Grecs, portaient, dans telle ou telle ville, le nom des vainqueurs aux jeux Olympiques.

De leur côté, les Romains employèrent maintes fois cet oiseau à la guerre.

Enfin, chacun a encore présents à la mémoire les services que rendit ce messager pendant l'Année terrible, alors que Paris assiégé le chargea de porter partout un appel à la résistance.

A ce sujet, G. Percheron cite une anecdote qui mérite d'être reproduite.

« Rappelons, dit cet auteur, une touchante histoire très peu connue et dont le héros fut un pigeon du siège de Paris, capturé dans un ballon tombé au pouvoir du prince Frédéric-Charles. Comment se fit-il que le soudard, qui, d'ordinaire, faisait tuer tous les oiseaux messagers pris par ses soldats, garda celui-ci et l'envoya en Allemagne à sa mère ? Nous ne savons.

Pigeon culbutant

« Toujours est-il que, bien accueilli par la princesse, notre pigeon alla rejoindre dans une belle volière quelques-uns de ses congénères, appartenant aux races les plus rares.

« Il vivait là depuis quatre ans quand, voyant certain jour la porte de la volière entr'ouverte, il s'échappa et s'élança dans l'air en tournoyant. Puis, après s'être orienté, il s'envola à tire d'aile vers la France et vint s'abattre à peu de temps de là, sur son ancien pigeonnier de la rue de Clichy.

« Il est mort, l'oiseau patriote, en 1878, au Jardin d'acclimatation. »

L'*instinct d'orientation*, qui permet au pigeon de trouver immédiatement la direction cherchée, appartient à tous les oiseaux migrateurs.

Malheureusement, si grand que soit cet instinct, on ne saurait en tirer parti pour établir un service de messageries qui suppose l'aller et le retour puisque, avec le pigeon, c'est le retour seul qu'il est possible d'utiliser.

Pris au colombier, le pigeon est emporté dans un panier à l'endroit d'où l'on se propose d'envoyer une dépêche.

Dès qu'il est lâché, l'oiseau prend son vol et regagne sa demeure en toute hâte.

Tracée sur un papier très léger que l'on enroule, la dépêche se fixe à la naissance d'une des fortes plumes de la queue.

La loi du 13 juillet 1877 donne droit de réquisition sur les pigeons voyageurs.

Tous les ans, à l'époque du recensement des chevaux, un recensement des pigeons voyageurs est effectué par les soins des maires sur la déclaration obligatoire des propriétaires.

Chaque année, avant le 1er janvier, les éleveurs et les colombophiles sont tenus de faire la déclaration du nombre de leurs colombiers ainsi que du nombre de pigeons voyageurs qu'ils renferment en indiquant les directions dans lesquelles *ceux-ci* sont entraînés.

Des peines sévères sont édictées contre toute personne qui enfreindrait la loi.

Habitation.

L'élevage du pigeon se fait de trois manières : en pigeonnier, en colombier ou en volière.

Très commun en France avant la Révolution, le pigeonnier n'existe plus guère qu'à l'état de souvenir. Cette construction, relativement considérable, renfermait de nombreux pigeons, le plus souvent des bisets, capables de chercher eux-mêmes tout ou partie de leur nourriture.

Le colombier est le pigeonnier en petit; il consiste en une tourelle en briques ou en planches avec un toit de tuiles ou d'ardoises en pente légère, sur lequel les pigeons peuvent se tenir commodément.

A moitié de la hauteur du petit bâtiment, une corniche saillante d'environ 30 centimètres sert de promenoir aux oiseaux, qui aiment à s'y abattre avant de rentrer.

Garnies de zinc ou d'ardoises qui les rendent inaccessibles aux petits carnivores, les ouvertures sont tournées au midi et au levant; on les ferme hermétiquement pendant l'hiver.

L'intérieur du colombier est divisé en petits compartiments ou chambrettes destinées, chacune, à un couple. Ces chambrettes peuvent être pratiquées dans l'épaisseur des murs; on leur donne habituellement 25 centimètres de haut sur 28 centimètres de large; quant à la profondeur, elle doit être telle que la femelle puisse couver paisiblement dans une demi-obscurité. Le devant de chaque compartiment présente un rebord libre de 12 à 15 centimètres de largeur, sorte de balcon, qui permet aux pigeonneaux de prendre leurs premiers ébats. M. Marcel Blanchard indique une manière très simple de construire ces chambrettes : après avoir appliqué perpendiculairement aux murs de fortes planches larges de 45 centimètres, et espacées les unes des autres de 35 à 40 centimètres, on divise l'espace vide entre deux planches par des cloisons distantes de 25 à 30 centimètres et de 30 à 35 centimètres de profondeur, de façon à ce qu'il subsiste un rebord libre comme il a été dit plus haut.

Quel que soit le système adopté, les nids doivent être disposés par rangées : celle du bas à 1m,50 du sol, celle du haut à la même distance du toit. Il convient de ménager un intervalle de 25 centimètres, au moins, entre chaque rangée.

Une échelle tournante, fixée à l'intérieur du colombier, permet de visiter toutes les chambrettes. Les fissures sont bouchées avec du plâtre afin d'éviter la pullulation de la vermine qui s'attaque aux pigeons. Enfin, ceux-ci ont constamment à leur disposition de l'eau pure dans un abreuvoir siphoïde.

Autant que possible, le colombier doit être isolé des bâtiments d'habitation et éloigné des passages fréquentés; on l'établit le plus souvent sur un point culminant afin que les jeunes l'aperçoivent de loin.

L'habitation des pigeons doit être tenue très propre. Il est nécessaire de nettoyer de temps à autre les chambrettes, de les râcler, de balayer les fientes et de blanchir à la chaux au moins une fois par an.

En dehors du pigeonnier fixe que nous venons de décrire et que l'on ne rencontre que chez les grands éleveurs, il y a encore le *pigeonnier-applique*, sorte de caisse à compartiments, fixée à un mur; le *colombier italien*, supporté par un mât plus ou moins élevé. La forme et les dimensions de ces logements varient, d'ailleurs, avec le goût et les besoins des amateurs.

Quant à la volière, que nous citerons pour mémoire, elle renferme surtout des races de luxe absolument domestiquées.

Cela dit, nous allons nous occuper du peuplement du colombier.

Tout d'abord, il faut faire choix d'une race. On donne généra-

Pigeonnier applique.

lement la préférence aux *bisets*, aux *voyageurs*, et aux *culbutants*, qui s'élèvent bien et sont les meilleurs pour la table.

Si l'on s'adresse à des pigeons adultes, on enferme les nouveaux venus dans le colombier, jusqu'à ce qu'ils aient pondu et soient retenus au logis par leur couvée. Mais le mieux est de se procurer, au printemps, des pigeonneaux d'une quinzaine de jours qui ne mangent pas encore seuls, et que l'on nourrit en leur faisant avaler une bouillie liquide composée de farine de sarrasin et de vesce. Dès qu'ils commencent à voler, on leur ouvre le colombier, chaque soir à la chute du jour en avançant progressivement l'heure de la sortie, et l'on continue à agir ainsi jusqu'à ce qu'ils aient des petits.

Malgré tout, il peut arriver, si les colombiers sont mal tenus ou mal exposés, que les pigeons cherchent à fuir à la première occasion. On les retient, soit en saupoudrant de sel l'aire du colombier, soit en distribuant du pain composé de vesce, de chènevis et de terre glaise, le tout pétri avec de l'eau fortement salée et séché au soleil ou au four. La morue desséchée et salée remplit le même but.

Alimentation.

Les pigeons ne sont pas difficiles sous le rapport de la nourriture ; ils acceptent toute espèce de grains : vesce, pois, céréales, sarrasin, carottes, etc.

En hiver, quand la terre est couverte de neige, ils vivent surtout des graines des légumineuses qui croissent à l'état sauvage et, aussi, de celles du liseron. Ils détruisent, en outre, quantités d'escargots, de chenilles et de larves, ce qui doit les faire considérer comme des auxiliaires de l'agriculteur.

Colombier italien.

Reproduction.

Les pigeons sont aptes à la reproduction vers l'âge de quatre ou cinq mois, dans les petites races ; vers l'âge de cinq ou six mois dans les grosses races.

Il est assez difficile de distinguer dans le bas âge le sexe des pigeons : le mâle a le tour des narines et la proéminence du bec plus élevés que la femelle. A l'âge adulte, le premier a la queue salie et usée à force de faire la roue.

Quant à l'âge, il se reconnaît aux caractères suivants : les vieux sujets ont les pattes couvertes d'écailles blanches, l'œil terne, la paupière éraillée, le bec allongé et aminci, le plumage fané ; les jeunes, au contraire, ont les pattes d'un beau rouge, l'œil vif, le bec solide et fort, le plumage luisant.

Pour obtenir un croisement, il suffit d'enfermer à part le mâle et la femelle qu'on veut croiser, en tenant compte de cette particularité que les produits mâles ont une certaine tendance à présenter le plumage de la mère, tandis que les femelles ressemblent plutôt à leur père.

Lorsqu'on a obtenu une variété nouvelle, on peut la fixer par une sélection rigoureuse.

Les pigeonneaux que l'on destine à la reproduction doivent rester avec leurs parents pendant un mois. Il faut choisir, dans ce but, des oiseaux qui, nés au printemps, produiront au printemps suivant.

Incubation.

Le nombre des pontes varie de deux à trois dans le Nord; de trois à quatre dans le Midi. Les œufs, au nombre de deux, sont placés dans un nid construit d'ordinaire par le mâle avec des feuilles et quelques brindilles.

L'incubation dure de seize à dix-huit jours quand elle a lieu en été; de dix-sept à vingt jours quand elle se produit en hiver. Le mâle y prend part comme la femelle. Cette dernière couve la nuit et le matin jusque vers midi; le mâle la remplace pendant qu'elle va manger et prendre ses ébats.

Éducation des pigeonneaux.

L'éducation des pigeonneaux est faite par les parents, qui se chargent de l'alimentation des premiers jours en dégorgeant dans le bec de leurs petits, sous forme de bouillie, des aliments qui ont déjà subi, dans leur estomac, une digestion préparatoire. D'abord liquide, cette bouillie alimentaire s'épaissit progressivement, selon les besoins des jeunes.

« Les pigeons, dit M. Z. Gerbe, ont une manière toute particulière de donner la becquée à leurs nourrissons; ces derniers, au lieu d'ouvrir largement leur bec, ainsi que le font presque tous les jeunes oiseaux élevés dans un nid afin de recevoir leur nourri-

ture, l'introduisent en entier dans celui de leurs parents et l'y
tiennent légèrement entr'ouvert ; de cette façon, ils saisissent les
matières à moitié digérées que les nourriciers, par un mouvement convulsif qui paraît assez pénible et qui a quelquefois des
suites dangereuses pour certaines races, chassent de leur jabot. »

Engraissement.

Les pigeonneaux que l'on veut engraisser sont retirés du nid
dès qu'il font mine d'en vouloir sortir. On les place dans un grand
panier à fond plat, à bords peu élevés et à moitié garni de paille,
que l'on renouvelle tous les jours, puis on couvre ce panier d'une
toile qui plonge les oiseaux dans une demi-obscurité.

Un second panier semblable reçoit les pigeons au fur et à
mesure qu'ils ont absorbé leur ration, laquelle consiste en un
mélange de pois et de vesce cuits. On commence par distribuer
d'abord deux fois par jour, puis trois fois, cette nourriture, qu'on
leur fait avaler en les tenant sur les genoux et en leur ouvrant le
bec avec précaution.

Cinq ou six jours de ce régime suffisent pour amener les jeunes
à un état d'engraissement raisonnable.

Dans quelques pays, on prépare une sorte de brouet que l'on
verse dans le gosier des pigeonneaux à l'aide d'un entonnoir. Il
faut alors prendre de grandes précautions pour ne pas blesser les
animaux, et se servir de préférence d'un entonnoir en caoutchouc
ou en gutta-percha.

Fait en grand et d'une manière raisonnée, l'engraissement des
pigeonneaux est susceptible de donner à l'éleveur des bénéfices
sérieux.

Produits et usages.

La chair du pigeon, que l'art culinaire prépare de différentes
manières, est tendre, succulente, très nourrissante et de facile
digestion ; c'est pour cela qu'on l'ordonne souvent aux malades.
L'ancienne médecine leur attribuait, ainsi qu'au sang et même à la
fiente de l'animal, des vertus merveilleuses contre la frénésie, les

plaies des yeux, les maux de gorge, la pituite, les tumeurs œdé-
mateuses, etc. Quand le pigeon est vieux, sa chair devient dure,
sèche, excitante et même échauffante, et l'on ne doit en user
qu'avec modération.

Les plumes de cet oiseau sont utilisées de diverses façons dans
l'industrie.

Quant à sa fiente ou *colombine*, elle constitue le plus riche de
tous les engrais, puisqu'il entre, dans sa composition, de 3 à
5 pour 100 d'azote, 1,50 pour 100 d'acide phosphorique et de 1
à 2 pour 100 de potasse.

V. — LE CANARD

Le canard est un oiseau aquatique de l'ordre des palmipèdes.

Cette espèce comprend une multitude de variétés répandues dans toutes les parties du monde, sous toutes les latitudes. Les canards sont de taille et de couleur variables ; telle race est grande comme le cygne, telle autre ne dépasse pas le volume du poing ; l'une porte un plumage entièrement noir, l'autre se montre d'un blanc immaculé ; enfin, parées de couleurs éclatantes, certaines variétés peuvent rivaliser avec le paon ou le faisan.

Canard sauvage.

Mais les canards diffèrent encore par les mœurs ; parmi eux se trouvent des oiseaux migrateurs au vol rapide ; il en est aussi qui nichent sous terre, et, tandis que quelques-uns nagent dans la perfection, les autres se contentent de barboter.

C'est aux espèces barboteuses qu'appartiennent les canards de basse-cour ; la plupart des autres peuvent néanmoins vivre en captivité et s'y reproduire. Parmi celles-ci, nous citerons le *canard de la Caroline* et le *canard mandarin*, que l'on rencontre sur la plupart des lacs qui agrémentent les parcs et les jardins publics.

Le canard domestique descend directement du canard sauvage. Il était connu des Grecs et des Romains, qui l'élevaient dans des enclos spacieux, ombragés d'arbres et traversés par de nombreux ruisseaux.

Le canard est polygame ; il a deux mues par an ; l'importance de la ponte varie selon les espèces ; les canetons, très rustiques, vont à l'eau dès leur naissance, mais ils ne peuvent voler avant l'âge de trois mois.

Constitué pour la nage, le canard ne marche que difficilement et avec un dandinement caractéristique.

Races.

Le canard présente un grand nombre de races différentes, mais qui, toutes, n'offrent pas pour nous le même intérêt.

Nous nous occuperons tout d'abord du canard sauvage, qui est, comme on le sait, la souche du canard domestique, après quoi nous passerons en revue les différentes variétés de basse-cour. Quant aux races d'agrément, nous nous contenterons de les énumérer, sans nous attacher longuement à leur description.

Le *canard sauvage* est un bel oiseau au plumage cendré, rayé de blanc et de brun, aux ailes d'un noir brillant. Toutefois, cette robe n'appartient qu'au mâle ; la femelle est entièrement grise.

Canard de Rouen.

Ce palmipède est essentiellement migrateur ; il abandonne, à l'automne, les grands lacs des deux continents pour descendre dans nos pays.

Sa ponte donne de douze à seize œufs de couleur verdâtre. Pris jeune, il s'apprivoise ; cependant il lui arrive de déserter la basse-cour à l'époque du passage de ses congénères.

Le *canard domestique* a produit plusieurs variétés, parmi lesquelles : le *canard commun*, le *canard de Rouen*, le *canard de Barbarie*, le *canard du Labrador*, le *canard d'Aylesbury* et le *canard de Pékin.*

Le *canard commun*, qui est le plus petit de tous, ne pèse jamais plus de 1 kilogramme. Son plumage varie; il se rapproche quelquefois de celui du canard sauvage avec lequel on peut le confondre. Vagabond par nature, le canard commun est moins facile à élever, et partant moins productif, que la plupart des autres races de basse-cour.

Le *canard de Rouen*, beaucoup plus gros que le précédent, peut atteindre le poids de 2 kilogrammes. Le mâle porte un plumage éclatant, avec le bec jaune tacheté de noir, la tête verte et un demi-collier blanc sur le devant du cou. Il a la poitrine d'un brun marron, liseré de blanc, les ailes gris marron, le ventre gris et les pattes jaunes. La cane a le plumage brun sans collier.

Il existe une variété entièrement blanche, mais plus petite.

Très précoce et d'une grande fécondité, le canard de Rouen peut donner plus de cent œufs, quand le canard commun en donne à peine la moitié, ses canetons peuvent être livrés à la consommation dès l'âge de trois mois.

Canard musqué de Barbarie.

Le *canard musqué* ou de *Barbarie*, la plus grosse de toutes les espèces connues, est originaire de la Guyane et du Brésil. Son plumage est noir avec des reflets verts et rouges sur le dos; les plumes du sommet de la tête figurent une huppe; son bec rouge, traversé par une bande noire, est orné de caroncules qui se continuent sur les joues avec une membrane nue, verruqueuse d'un rouge vif; ses pattes sont rouges. On en distingue deux autres variétés : la *blanche* et la *bronzée*.

Dans son pays d'origine, le canard musqué vit dans les marécages du désert et niche dans les troncs d'arbre, afin d'échapper aux serpents; aussi, contrairement au canard commun, se perche-t-il très volontiers. Obligée de descendre ses petits à terre, la cane les porte en les prenant par le bec. Celle-ci abandonne presque toujours ses œufs quand elle est dérangée. Ses canetons craignent beaucoup le froid.

La chair de cette variété est peu prisée, à cause de son odeur désagréable (1).

Le *canard du Labrador* a le plumage noir à reflets bleus et verts, le bec et les pattes noirs. Sa chair est très fine.

Canard du Labrador.

Le *canard d'Aylesbury* est entièrement blanc avec des reflets argentés. Son bec est rosé et ses pattes jaune clair. Il s'engraisse facilement et fournit une viande estimée. Bonne pondeuse, la femelle donne des œufs très gros. Cette race jouit d'une grande faveur en Angleterre.

Le *canard de Pékin* est caractérisé par un plumage jaune crème, par un bec jaune orangé et les pattes jaunes, placées très près du croupion, ce qui lui donne une forme enlevée. Rustique, facile à élever, recherché pour sa chair et ses œufs, le canard de Pékin mérite d'être propagé dans nos basses-cours au même titre que le précédent.

Canard de Pékin.

(1) Au dire de quelques auteurs, l'odeur musquée dont il s'agit aurait son siège dans la tête, la partie caronculée du cou et le croupion; il suffirait donc, pour la voir disparaître, d'enlever toutes ces parties en sacrifiant l'animal.

Parmi les canards d'agrément les plus connus, nous citerons : le *mandarin*, le *carolin*, le *souchet*, l'*eider*, le *canard à tête grise*, le *canard rouge*, qui tous sont acclimatés en France.

Habitation.

On le sait, le canard est très rustique et peut se passer d'habitation. Non seulement il ne souffre pas de vivre en plein air jour et nuit, mais, au contraire, c'est dans ces conditions qu'il réussit le mieux. Les grands éleveurs, qui possèdent des parquets, mettent simplement à sa disposition quelques refuges, de petites huttes construites le plus souvent avec des branches et des roseaux, et dans lesquelles la cane établit son nid.

Dans les petites exploitations, les canards sont enfermés, la nuit, dans la basse-cour, où on leur donne, en général, un logement séparé.

Canard de Caroline.

Ce logement doit être suffisamment aéré et pourvu de petites fenêtres, qui laissent pénétrer un demi-jour favorable à la ponte. On répand sur le sol de la terre, de la marne ou du sable fin qui absorbent les fientes, puis on dispose, dans les angles de l'habitation, des arbustes, des touffes de joncs ou d'herbes sèches, qui servent de cachettes à la cane pour déposer ses œufs.

Le matin, on a soin de faire sortir les animaux par une petite ouverture située au niveau du sol et habituellement fermée par une trappe à coulisse. De cette manière, les femelles qui veulent

Cabane à canards.

pondre sont moins dérangées et ne quittent la cabane qu'après avoir laissé leur œuf.

Alimentation.

Le canard, comme la poule, fait ventre de tout. Élevé sur de vastes espaces, il se repaît d'herbes, d'escargots, de vers, de chenilles, de larves et, dans ces conditions, coûte peu à nourrir. On

peut lui distribuer des pâtées de son, de recoupe, de farines
d'orge, de sarrasin ou de maïs ; des pommes de terre pétries avec
des issues de riz ou de froment, de l'orge, du blé, de l'avoine, des
laitues, des topinambours, des betteraves, de la viande là où exis-
tent des clos d'équarrissage, etc.

Une recommandation qui a son importance, c'est, lorsqu'on
distribue des grains aux canards, de les donner mouillés et par
masses, la conformation de leur bec s'opposant à ce qu'ils prennent ces grains éparpillés sur le sol.

Le canard a besoin d'eau pour se développer, et la preuve, c'est
que les sujets privés de cet élément restent chétifs et donnent une
viande de qualité inférieure. Toutefois, il ne faudrait pas croire —
c'est là une erreur très répandue — qu'une rivière ou un étang
soit absolument indispensable à l'élevage de ce palmipède. Un
petit bassin cimenté ou même un simple baquet, dont l'eau est
renouvelée de manière à ce qu'elle soit toujours limpide, suffit
aux ébats d'un petit nombre d'animaux, pourvu qu'ils puissent
barboter à leur aise et plonger facilement.

En réalité, si les canards enfermés dans une basse-cour souffrent
du manque d'eau, c'est moins parce qu'ils ne se baignent pas à
leur gré que parce qu'ils perdent la meilleure partie des aliments
qui, à l'état de liberté, composent leur régime (frai de poisson,
têtards, colimaçons d'eau, vers de vase, libellules, etc.). L'éleveur
doit donc suppléer à cette perte par des distributions plus fré-
quentes.

Quant aux canards élevés en plein marais, ils sont trop souvent
abandonnés à eux-mêmes jusqu'au moment où ils sont assez forts
pour être vendus. On doit donc leur faire au moins une distribution par jour et les nourrir convenablement à la ferme une quinzaine de jours avant de les livrer à la consommation.

Reproduction.

Les canards sont propres à la reproduction à l'âge de six mois
et il convient de faire les accouplements dès le mois de janvier.

Un mâle suffit à six femelles.

Plus ou moins abondante suivant la race, le régime, le climat et l'âge de la cane, la ponte commence généralement en mars et donne une moyenne de soixante à soixante-quinze œufs ; les femelles qui ont un cours d'eau à leur disposition pondent plus que les autres.

Moins bons que ceux de la poule, les œufs de cane sont surtout recherchés pour la pâtisserie.

Lorsqu'on les laisse en liberté, les canes cherchent à pondre à l'écart ; aussi doit-on les surveiller pour découvrir leur nid et enlever régulièrement les œufs, sans quoi elles se mettraient à couver dès qu'elles en auraient une vingtaine. Dans tous les cas, il faut leur en laisser un ou deux, afin qu'elles ne changent pas de place.

D'autre part, sachant que la ponte a généralement lieu vers huit heures du matin, on peut, avec quelque habitude, explorer la partie postérieure de l'abdomen des femelles et, si elles sont prêtes à pondre, les tenir enfermées dans leur cabane.

On peut croiser avantageusement le canard de Rouen avec le canard de Barbarie. Très nombreux dans le Midi, et notamment dans le bassin de la Haute-Garonne, les produits de ce croisement ou *mulards* sont très rustiques, faciles à élever et donnent une chair fine et savoureuse, exempte de cette odeur musquée qui caractérise celle du canard de Barbarie. Excellente pondeuse, la mularde donne malheureusement des œufs inféconds. Pour les éleveurs qui n'ont pas d'eau dans leur basse-cour, c'est un des meilleurs canards à élever. Son foie sert à préparer les fameuses terrines de Nérac et de Toulouse.

Incubation.

La cane de basse-cour est bonne pondeuse, mais, dans sa sollicitude exagérée pour sa progéniture, elle montre une ardeur sauvage et inquiète, aussi confie-t-on souvent ses œufs à une dinde ou à une poule quand on n'a pas recours à la couveuse artificielle.

Le nombre d'œufs qui composent habituellement la couvée de la cane est de vingt ; on les dépose sous une mue, dans un lieu calme et un peu obscur, puis, pendant la durée de l'incubation qui

est de vingt-huit jours, on donne aux couveuses les mêmes soins qu'aux femelles des autres espèces.

Une fois les petits éclos, on peut, à défaut de cane, les faire conduire par une poule, jamais par une dinde qui, trop lourde et trop inattentive, risquerait de les écraser.

Les canetons sont fort sensibles au froid et il n'y a pas avantage à obtenir des couvées précoces ; par contre, à un mois, ces jeunes peuvent se passer de mère sans en souffrir.

Éducation des canetons.

Dès qu'ils sont éclos, les canetons doivent être placés pendant une quinzaine de jours dans un endroit séparé où ils ne risquent pas d'être écrasés par les hôtes de la basse-cour.

Élevés en liberté par une cane, les canetons vivent en grande partie de frai de poisson, d'araignées d'eau qu'ils poursuivent avec une grande rapidité, de libellules qu'ils saisissent au vol ; enfin, d'une quantité de petits colimaçons et de vers qu'ils vont chercher en plongeant.

Il n'en est pas de même pour ceux qui sont élevés dans la basse-cour. Ceux-ci exigent une nourriture abondante et distribuée au moins six fois par jour. Cette première nourriture consiste en une pâtée de farines d'orge et de sarrasin pétries avec du lait écrémé ; on y ajoute avantageusement du cresson et des orties hachées.

Après quelques jours, on donne, à deux ou trois repas, un mélange de vermicelle et de riz cuits, du cerfeuil et de la chicorée sauvage. Toutefois, il est prudent de ne pas trop insister sur la nourriture verte qui détermine souvent de la diarrhée.

Enfin, pour que l'alimentation soit complète, il importe de distribuer aux jeunes canards des vers de terre, des asticots et de la viande chaque fois que cela est possible. A deux mois, on les nourrit comme les adultes.

Fort de son instinct, le caneton irait à l'eau dès sa naissance, mais il faut l'en empêcher dans la crainte qu'il ne contracte un refroidissement mortel. Durant quatre ou cinq jours, on lui donne simplement de l'eau dans un vase plat, de manière à ce qu'il barbote sans trop risquer de se mouiller. Puis, passé ce temps, et faute de mieux, on met à sa disposition un bassin assez profond pour qu'il puisse y plonger facilement.

Engraissement.

Les canards sont engraissés habituellement en octobre et en novembre, alors qu'ils ont acquis tout leur développement et sont suffisamment *en chair* (1).

Laissés d'abord, en liberté pendant quelques jours, les animaux soumis à l'engraissement sont ensuite isolés dans un lieu étroit et obscur, ou mieux enfermés dans des boîtes ou dans l'épinette.

Selon le degré d'engraissement que l'on veut obtenir, les canards sont nourris, soit de pommes de terre, de betteraves et de grains, soit de *pâtons* de farine d'orge, de sarrasin ou de maïs, avec lesquels on les gorge trois ou quatre fois par jour. Ce dernier régime est nécessaire pour obtenir le foie gras, et encore ne faut-il donner à boire aux animaux que juste ce qui est nécessaire pour les empêcher d'étouffer.

L'engraissement est complet quand les bouts des ailes cessent de se croiser et que les plumes de la queue se redressent et forment l'éventail. Ce degré est généralement atteint du quinzième au vingtième jour, alors le canard ne se tient debout qu'à grand'-peine et doit être sacrifié, mais il faut se rappeler que le foie perd de son volume si l'on tue l'animal lorsque la digestion est complètement effectuée.

Produits et usages.

Le canard fournit une chair recherchée, dont la qualité varie avec la nourriture qui lui a été distribuée. Les sujets qui ont vécu dans une eau boueuse donnent une viande moins fine que ceux qui ont été élevés à proximité d'un cours d'eau.

---

(1) Les canards ont achevé leur croissance lorsque leurs ailes se croisent au-dessus de la queue.

En Picardie, on fabrique avec la chair du canard des pâtés très réputés sous le nom de *pâtés d'Amiens*. Dans quelques pays, au contraire, on sale cette chair à la manière de la viande de porc et on la conserve dans des pots.

Le foie sert, dans le Midi, à préparer les terrines de Nérac et de Toulouse, dont la réputation est universelle.

La graisse, et particulièrement celle du mulard, est très fine et supérieure à celle de l'oie. Quant aux œufs, nous avons vu qu'ils sont utilisés surtout par les pâtissiers.

Indépendamment de ces produits, le canard fournit encore ses plumes, dont la valeur est de 4 francs par an chez un sujet de poids moyen. La mue se fait en juillet et en octobre ; on a soin de ne pas dépouiller complètement les animaux, afin que la plume puisse repousser l'hiver.

VI. — L'OIE

Comme le canard, l'oie appartient à l'ordre des palmipèdes.

Cet oiseau est aquatique, mais il n'éprouve pas le besoin de
séjourner dans l'eau. Il lui suffit
de se baigner sans jamais exé-
cuter de plongeons.

A l'état sauvage, l'oie est monogame.

Suivant les espèces, l'unique
ponte de l'année donne de six
à dix œufs, dont l'incubation est
assurée par la femelle. Chaque
fois qu'elle quitte ses œufs,
celle-ci arrache son duvet pour
les en recouvrir. De son côté,
le mâle veille continuellement
sur la couvée.

A l'éclosion, les jeunes restent un seul jour dans le nid,
puis la mère les conduit à l'eau,
et, d'eux-mêmes, ils cherchent

Oie cendrée.

les lentilles et les graminées aquatiques qui composent leur
première nourriture. Un peu plus tard, ils vont paître dans les
prairies et rentrent chaque soir au nid. Au bout de quinze jours,
la famille se disperse.

De même que les canards, les oies sauvages sont des oiseaux
migrateurs. Dès les premiers froids, elles se réunissent en troupes
nombreuses et prennent leur vol vers des climats plus doux.

Prise jeune, l'oie sauvage s'apprivoise assez facilement, mais à
peine est-elle parvenue à l'âge adulte que l'instinct de la liberté
la pousse à s'échapper. Toutefois, il est rare qu'elle ne revienne
pas visiter le lieu où s'est passée sa jeunesse.

L'oie sauvage est moins recherchée pour sa chair que pour son
duvet. Elle mue deux fois par année, en juin et en novembre.

Races.

Les nombreuses races d'oies se divisent en races sauvages et en races domestiques. Nous allons passer en revue chacune de ces catégories :

L'*oie cendrée*, dont on a fait la souche de nos oies domestisques, a le dessus du corps brun cendré, le ventre gris clair, la membrane des yeux et le bec d'un jaune orange.

Elle habite les bords de la mer Blanche, d'où elle émigre dans toute l'Europe centrale.

L'*oie des moissons* ressemble à la précédente ; son bec, noir à sa base et à sa pointe, est jaune orangé dans son milieu.

Originaire des régions arctiques, l'espèce dont il s'agit accomplit ses migrations en Europe où elle exerce des ravages considérables dans les moissons, ce qui lui a valu son nom.

Oie de Toulouse.

L'*oie à bec court* se distingue par un plumage gris cendré et des pattes rouges. Son bec, petit et très court, offre, sur la mendibule supérieure, une tache d'un rouge vif.

Elle niche dans les mêmes régions que la précédente et ne descend dans nos pays que pendant les hivers rigoureux ; on l'apprivoise facilement.

L'*oie du Canada* ou *oie à cravate*, l'une des plus belles et des plus grosses du genre, est connue depuis fort longtemps en Europe où elle vit à l'état domestique. Elle porte une cravate blanche et une bande de même couleur sur l'occiput. Son plumage est brun, mêlé de gris avec des reflets violets sur la tête et le cou ; le bec et les pieds sont d'un gris plombé.

L'*oie rieuse* ou *à front blanc* porte un plumage d'un brun grisâtre avec l'abdomen ondé de blanc et de noir, et une grande tache blanche sur le front.

Elle habite l'Amérique et se montre de passage en France, en Allemagne et en Hollande.

L'*oie de Guinée* ou *oie à tubercule* est grise avec la poitrine blanche, les ailes et la queue brunâtres, les pieds orangés ; elle porte sur le bec, comme les cygnes, un petit tubercule rouge.

Domestiquée dans le nord de l'Europe, l'oie de Guinée se montre très rustique, s'engraisse facilement et fournit une chair fort estimée. Il y aurait tout avantage à l'élever dans nos basses-cours.

L'*oie d'Égypte* ou *bernache* tient le milieu entre l'oie proprement dite et le canard. Quoique ayant les pattes palmées, cet oiseau, fort agile, court avec une aisance extraordinaire. D'une rusticité à toute épreuve, il se reproduit très bien, fait deux ou trois couvées par an, et, de plus, donne une chair très délicate.

Couverte d'un manteau mélangé de gris cendré et de noir, cette variété porte une sorte de calotte blanche sur la tête ; mais, ce qui la distingue des autres oiseaux du même genre, c'est que chacune de ses ailes est munie, à sa naissance, d'une excroissance fort dure, sorte d'éperon qui lui a valu d'être aussi appelée *oie armée*.

Les Égyptiens avaient fait de ce palmipède un de leurs oiseaux symboliques, aussi retrouve-t-on sa silhouette sur tous leurs monuments où il représente la fidélité.

L'oie armée effectue son passage à l'automne en France, en Allemagne et en Hollande.

L'*oie frisée du Danube* est remarquable par son arrière-train formé de plumes frisées retombant presque jusqu'à terre. Sa chair est très savoureuse.

L'*oie céréopse d'Australie* constitue un genre à part, tant par ses mœurs que par ses formes.

D'un plumage gris cendré uniforme, cet oiseau porte sur toutes les plumes du dos et des ailes des taches noires figurant des yeux. Ses pattes, à demi palmées, longues et osseuses, le rapprochent des échassiers dont il a tous les instincts, et lui permettent de courir avec la rapidité du casoar.

Très facile à apprivoiser, peu délicate sous le rapport de la nourriture, cette espèce donne une chair exquise, et, à tous les points de vue, serait certainement notre meilleur oiseau de basse-cour si l'on parvenait à la répandre.

Telles sont les principales races d'oies exotiques aujourd'hui acclimatées chez nous et prêtes, pour peu qu'on le veuille, à devenir des oiseaux de produit, puisque toutes sont susceptibles d'être domestiquées.

Quant aux oies de basse-cour, elles présentent deux variétés : l'*oie de Toulouse* et l'*oie de la Meuse.*

L'*oie de Toulouse*, la plus grande, habite les départements du Tarn, de la Haute-Garonne et de l'Aude ; elle a les plumes du dos, de la poitrine, des ailes entièrement grises, et les plumes du ventre blanches. Ses pattes sont tellement courtes que les deux fanons qu'elle présente

Oie de la Meuse.

sous le ventre touchent le sol. C'est la plus productive.

L'*oie de la Meuse* est surtout élevée en troupeaux considérables dans la vallée de la Meuse et de ses affluents ; toutefois on la rencontre un peu partout, en France, en Belgique et jusqu'aux frontières de la Hollande.

Conditions de l'élevage.

Bien que l'élevage des oies soit des plus simples, on ne s'y livre guère que dans les pays où les terres ont peu de valeur.

Le département de la Loire fait naître et entretient, jusqu'à l'époque de la moisson, un grand nombre de ces animaux qui, pour la plupart, sont d'abord vendus dans l'Eure-et-Loir, où ils sont conduits dans les chaumes, puis une fois mis en état, expédiés à Paris.

Au contraire, les départements du Gers, de l'Ariège, de l'Aude, du Lot, du Tarn, de Lot-et-Garonne, de la Haute-Garonne et de Meurthe-et-Moselle n'élèvent les oies que pour les vendre après leur engraissement complet.

Dans certaines localités, on laisse couver les oies pour faire le commerce des petits que l'on ne garde que dix à douze jours.

Ailleurs enfin, on élève les oisons jusqu'à ce qu'ils aient acquis tout leur développement, après quoi on les livre à des nourrisseurs dont l'unique soin est de les engraisser.

Nous l'avons vu, l'oie peut, à la rigueur, s'élever sans eau; mais, autant que possible, il convient — lorsqu'on n'a pas de mare ou rivière dans le voisinage — de mettre à sa disposition un bassin où elle puisse se baigner. Par contre, les pâturages sont indispensables à l'entretien de ce palmipède qui y trouve la plus grande partie de sa nourriture. Gardé dans une basse-cour fermée, il y dépense au delà de sa valeur.

Les oies broutent dans les champs comme les moutons; on les mène dans les terrains vagues, dans les bois, sur le bord des chemins et le long des ruisseaux, mais il faut leur interdire l'accès des prairies qu'elles dévasteraient soit en arrachant les herbes, soit en les coupant trop près de la racine.

Un seul gardien peut conduire aux champs toutes les oies d'un village. On distribue le soir, à la rentrée, un supplément de nourriture aux animaux.

A défaut d'un parcours suffisant, on peut ensemencer de trèfle, de salades, de mélilot, de crucifères ou de chicorées un terrain sur lequel on fait paître son troupeau.

Habitation.

Le local habité par les oies doit être isolé du poulailler. Il le faut spacieux, sec, bien aéré et garni de paille fraîche fréquemment renouvelée. De plus, le sol doit offrir, le long des murs et dans les angles, des touffes de jonc et de hautes herbes apportées là avec la motte de manière à servir de cachettes aux femelles qui pondent alors plus volontiers dans leur cabane.

Alimentation.

Nous l'avons déjà dit, le pâturage est la principale source de nourriture de l'oie. Les aliments qu'on peut distribuer à cet oiseau sont : les graines de toute espèce, les pommes de terre, les betteraves, les navets et autres racines que l'on a soin de hacher; viennent ensuite les salades, le persil, le cerfeuil, etc.

Contrairement aux autres volailles, l'oie ne mange ni insectes, ni vers. Lorsqu'elle n'est pas élevée près d'une rivière on doit mettre à sa disposition des abreuvoirs toujours pourvus d'une eau limpide et souvent renouvelée.

Reproduction.

Il est indiqué de choisir pour la reproduction des *jars* vifs, alertes et batailleurs.

Quelques éleveurs estiment qu'un mâle suffit à six ou sept femelles, tandis que d'autres, s'appuyant sur leur expérience, affirment qu'il ne leur en faut que quatre. Ce qui paraît donner raison à ces derniers, c'est que l'oie sauvage est essentiellement monogame et que, même à l'état domestique, le mâle — quel que soit d'ailleurs le nombre des femelles avec lesquelles il s'accouple — n'en assiste jamais qu'une qu'il garde avec un soin jaloux.

L'oie ne fait généralement qu'une ponte composée d'une vingtaine d'œufs ; cependant, lorsqu'on l'a empêchée de couver, elle peut en faire une seconde d'ailleurs toujours moins importante que la première.

La ponte débute après les grands froids et même dès la fin de janvier. On sait que l'oie a l'habitude de cacher son nid. Aussi faut-il la surveiller afin de recueillir régulièrement les œufs, qui lui seront rendus lorsqu'elle manifestera le besoin de couver. On l'empêche d'abandonner la place primitivement choisie en lui laissant, jusqu'à la fin, un œuf artificiel.

Incubation.

L'oie ne couve qu'une fois par an, mais, par contre, elle s'acquitte très bien de sa tâche. Comme on ne peut guère lui donner plus de quinze œufs, les autres sont confiés à la dinde ou à la couveuse artificielle. La poule couve difficilement des œufs aussi gros ; en outre, sa manie de gratter lui fait renverser les oisons qu'elle conduit, et ceux-ci, une fois sur le dos, ne se relèvent qu'avec beaucoup de peine.

La durée moyenne de l'incubation est de trente jours pendant lesquels on nourrit les oies avec du grain, des recoupes, du son mouillé et de l'herbe.

Si les couveuses ne quittent pas d'elles-mêmes leur nid pour manger, il faut les enlever, deux fois par jour, de dessus leurs œufs comme on le fait pour les autres volailles.

Huit ou dix jours après le début de l'incubation, les œufs doivent être examinés, ce qui permet d'enlever ceux qui sont clairs.

L'éclosion des œufs d'oie est très irrégulière et dure souvent deux jours. Alors la mère peut s'attacher aux premiers petits éclos et abandonner les autres. Dans ces conditions le mieux est de l'enfermer sous une mue en mettant la nourriture à sa portée, ce qui lui évite de se déranger.

Éducation des oisons.

Dès que les oisons sont éclos on les place dans un panier garni de laine, puis on les tient, pendant cinq ou six jours, dans un appartement dont la température est sensiblement égale à celle de l'œuf. Leurs premières sorties doivent être de courte durée. Ils redoutent la pluie, la rosée et les brouillards ; un soleil trop chaud peut les tuer en quelques instants.

A l'âge de quinze jours, les oisons peuvent aller seuls ; toutefois il importe de veiller sur eux jusqu'à la mue, c'est-à-dire jusqu'à deux mois.

La mie de pain, la laitue hachée et les œufs durs sont donnés aux jeunes pendant les premiers jours. Au bout d'une semaine, on peut distribuer de la farine, du sarrasin, de la chicorée, du persil, etc.

Au nombre de six par jour, les repas doivent être peu copieux et composés de pâtée sèche. On met à la portée des animaux de l'eau fréquemment renouvelée.

Quand leurs plumes sont poussées, les oies sont les animaux les plus rustiques de la basse-cour.

Engraissement.

L'engraissement de l'oie se pratique, du mois de septembre au mois de novembre, sur des sujets ayant acquis tout leur développement.

On commence d'abord par donner aux oiseaux un supplément de nourriture représenté par de l'avoine, du sarrasin ou des pois ; puis, après une semaine, quand les animaux sont bien en chair, quoique encore peu charnus, on les séquestre soit en les plaçant dans un lieu étroit et obscur, soit en les enfermant dans des caisses ou dans l'épinette.

Le régime que nous venons d'indiquer peut amener les oies à un état d'engraissement convenable, mais dans les pays où l'on a en vue le commerce du foie gras, on procède tout autrement.

A Toulouse, on leur ingurgite, matin et soir, à l'aide d'un entonnoir, du maïs jusqu'à ce qu'elles soient gavées. Trente litres de ce grain suffisent d'ordinaire à engraisser une oie dont le poids n'est guère inférieur à 10 kilogrammes et l'opération, ainsi conduite, exige environ un mois.

A Strasbourg, les oies, enfermées dans une épinette, sont gavées deux fois par jour avec du maïs sec et gonflé dans l'eau chaude. Pour cela on les retire de leur cellule, puis quand leur jabot est plein, on les laisse quelques minutes en liberté et on les enferme de nouveau.

Au bout de dix-huit à vingt jours, les oies, traitées de cette façon, atteignent 8 kilogrammes.

Il ne faudrait pas croire que le maïs est le seul aliment à l'aide duquel on puisse obtenir un engraissement complet. Les pommes de terre, les farines, les graines oléagineuses, faînes, noix et lin sont également propres à remplir ce but. Quelques éleveurs ont l'habitude d'y joindre une cuillerée d'œillette à chaque repas.

On peut, au lieu de se borner à gaver les animaux, les laisser manger à volonté et les gorger ensuite. Dans tous les cas, la boisson qui leur convient le mieux est l'eau mélangée avec un peu de lait et donnée à discrétion.

Le foie des bêtes engraissées convenablement peut peser jusqu'à 800 grammes et même 1 kilogramme.

Produits et usages.

Les produits de l'oie sont nombreux et représentent une valeur relativement très grande.

Tout d'abord, cet oiseau fournit sa chair que, suivant les pays, l'on sale ou l'on fume; sa graisse, que l'on conserve dans des pots de grès après l'avoir fondue; son foie, dont le prix atteint jusqu'à 7 francs et qui sert à confectionner les pâtés et les terrines truffées.

Viennent ensuite le duvet, les plumes et la peau.

Le duvet se prend généralement sur les oies mortes, toutefois dans certaines exploitations on le retire aussi des animaux vivants.

La plume est enlevée trois fois par an; d'abord en mai, puis en juillet et en septembre, avant les premiers froids, sur les animaux que l'on ne destine pas à l'engraissement. Une oie de grande taille donne environ 300 grammes de plumes; un oison, à peu près la moitié.

On obtient les plumes à écrire au moment de la mue, ce qui évite à l'animal une opération douloureuse; on les dégraisse dans de la cendre, dans du sable légèrement chauffé; on les frotte avec de la laine, puis on les soumet au séchage. Le fouet sert, comme plumeau, pour nettoyer les pétrins et pour épousseter les meubles.

Un dernier emploi de certaines plumes de l'oie est celui qu'en tirent les plumassiers et dont aucun auteur ne parle, bien que cet emploi soit assez étendu et que les fleuristes-plumassiers de Paris en fassent un assez grand commerce, surtout pour l'exportation américaine. C'est avec les plumes dites *nageoires,* c'est-à-dire celles qui sont au-dessous des ailes et au-dessous de la queue, que les plumassiers font les plumets d'état-major; ils raclent la tige des nageoires jusqu'à une certaine hauteur pour l'assouplir et l'amener à imiter la plume du héron, teignent le sommet, pour la France, en tricolore et en composent des plumets. C'est encore avec les nageoires de l'oie que les fleuristes (fabricants de fausses fleurs) font la bruyère fleurie; ils parviennent à réussir l'imitation en déchirant tout un côté de la plume, en savonnant, en donnant la teinture convenable, etc.

Quant au commerce des peaux, il se fait surtout dans le Poitou: après avoir plumé l'oie morte sans toucher au duvet, on fend la peau par le dos et on la livre aux préparateurs qui en fabriquent une fourrure vendue sous le nom de *peau de cygne*.

VII. — LE CYGNE

Le cygne appartient à l'ordre des palmipèdes.
Introduit chez nous au xvie siècle, ce gracieux volatile passe

Cygne blanc.

pour être originaire du nord de la Prusse ou de la Pologne, d'où

Cygne à col noir.

ses migrations le conduisent annuellement dans toute l'Europe.
Le cygne n'est pas seulement un oiseau de luxe, un élégant

nageur fait pour égayer nos lacs et nos pièces d'eau. Il est chargé, comme on va le voir, d'une mission beaucoup plus importante : on sait que les marécages et les étangs renferment des miasmes capables d'engendrer des fièvres contagieuses ; or, le cygne, dont la nourriture est exclusivement composée de racines, de plantes

Cygne noir.

et d'animaux aquatiques, purifie les eaux qu'il fréquente en arrachant, à l'aide de son bec, armé de scies tranchantes, les végétaux dont la décomposition entraînerait fatalement des exhalaisons pestilentielles.

Il existe plusieurs variétés de cygnes : le *cygne blanc ordinaire*, connu de tout le monde ; le *cygne à col noir* et le *cygne noir* ou d'*Australie*. Ce dernier a le plumage d'un beau noir brillant et uniforme, l'œil écarlate, le bec rouge carmin et les pattes noires. Très peu répandue en France, cette variété, comme les autres, vit et se reproduit très bien en captivité, tout en réclamant peu de soins.

Le logement du cygne se réduit à une petite cabane ou hutte placée de préférence au levant, dans un endroit écarté. On habitue l'oiseau à entrer dans cette cabane en y déposant régulièrement

Abri pour les cygnes.

sa nourriture, et l'on a soin de mettre à sa disposition de la paille fraîche souvent renouvelée.

La femelle pond, vers la fin de février, de cinq à huit œufs à coquille épaisse et résistante.

L'incubation dure de quarante à quarante-cinq jours, pendant lesquels le mâle et la femelle se relayent. Les petits quittent le nid tout après l'éclosion ; leur nourriture se compose d'une pâtée de mie de pain avec de la laitue hachée et des œufs durs ; ils grandissent vite et peuvent bientôt partager le régime des adultes : grains, son, racines cuites, etc.

Le cygne était autrefois beaucoup plus commun en Europe et

notamment en France qu'il ne l'est aujourd'hui ; aussi son duvet est-il d'un prix très élevé, ce qu'il faut d'ailleurs attribuer à sa beauté, à sa finesse, à son moelleux autant qu'à sa rareté. Il sert exclusivement à garnir les vêtements de luxe, et le plus souvent on le laisse adhérent à la peau, qui reçoit les préparations convenables et constitue alors une véritable fourrure. Quant à la chair, elle n'est pas aussi à dédaigner qu'on pourrait se l'imaginer. Les pâtés de cygne étaient déjà célèbres au temps de la chevalerie ; ils sont encore fort appréciés dans le nord de la Hollande, où l'on prépare, à la façon des pâtés d'Amiens, la chair des jeunes cygnes sauvages.

VIII. — LE PAON.

Le paon est le roi de la basse-cour. Originaire de l'Inde, cette espèce fut introduite d'abord en Grèce puis en Italie, d'où elle se répandit bientôt dans toute l'Europe.

On connaît plusieurs variétés de paons parmi lesquelles nous citerons : la *blanche*, la *panachée*, le *paon aux ailes bleues* et le *paon spicifère* ou *à épis*.

Les paons reçoivent la même nourriture que les autres volailles. Ils passent la nuit sur les arbres ou sous un hangar. La femelle pond de préférence dans un panier placé sous le toit et aussi éloigné du sol que possible ; elle donne, en trois fois, une dizaine d'œufs.

Bien qu'elle soit bonne couveuse, la paonne casse parfois ses œufs lorsqu'elle est dérangée par son mâle ; aussi a-t-on recours à la poule ou à la dinde pour l'incubation qui dure une trentaine de jours.

Paon.

Les jeunes paons sont élevés comme les dindonneaux, mais on

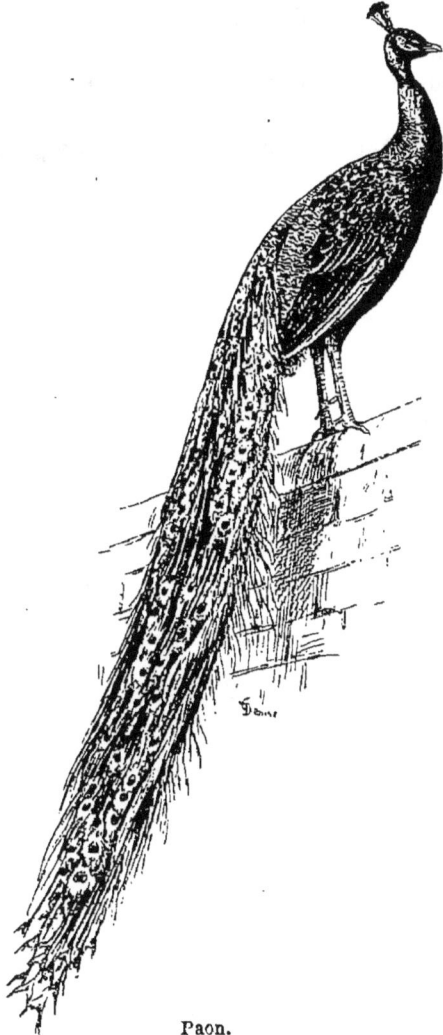

peut leur accorder la liberté dès qu'ils sont recouverts de plumes ;
jusqu'à un mois ils sont nourris avec de la bouillie de froment, de
pain émietté, des jaunes d'œufs et de la laitue hachée, après quoi
on leur distribue des grains.

A deux mois a lieu la pousse de l'aigrette. Il convient alors de
donner aux jeunes sujets les mêmes soins qu'aux dindonneaux
qui subissent la crise du rouge.

Le paon n'est orné de son magnifique plumage qu'à l'âge adulte,
c'est-à-dire à trois ans ; la paonne peut être utilisée pour la reproduction dès l'âge de deux ans.

IX. — LE FAISAN

Le faisan est plutôt un oiseau de volière qu'un oiseau de basse-cour ; néanmoins nous donnerons sur l'élevage de cet animal quelques indications propres à guider les amateurs.

Faisan.

Les variétés de faisans les plus répandues sont : le *faisan commun*, le *faisan argenté* et le *faisan doré*.

A l'état de liberté, les faisans se nourrissent de graines de toute espèce : baies de genièvre, grains de genêt, de faînes, de ronces et aussi d'insectes, de vers, d'escargots et de fourmis. Quant au régime des sujets entretenus dans les parquets, il consiste en sarrasin, millet, orge, blé et chènevis. Cette dernière graine active la ponte ; on doit commencer à la distribuer en mars, mais il faut éviter de la donner en trop grande quantité afin de ne pas échauffer les oiseaux. Il est toujours indiqué d'y adjoindre des aliments verts tels que trèfle, sèneçon, minette ou chicorée et de la supprimer vers la fin de juin. L'eau des boissons sera renouvelée tous les jours.

Les faisans sont très sensibles au froid ; aussi convient-il d'orienter leur parquet au levant et de le placer à l'abri des vents du nord et de l'ouest. En outre la faisanderie doit être gazonnée, sèche, suffisamment spacieuse et divisée en autant de compartiments que l'on possède d'espèces. Les nids destinés aux pondeuses sont généralement dissimulés derrière un paillasson.

Les faisanes commencent leur ponte dans les premiers jours d'avril ; on les attire dans le nid en leur jetant de la graine et en mettant à leur disposition des œufs de petites poules qui les excitent à pondre à côté.

Les couvées se composent en moyenne de quinze à vingt œufs ; mais, sur ce nombre, il est rare qu'on élève plus de sept faisans.

Les poules faisanes cherchent quelquefois à manger leurs œufs, aussi fera-t-on bien d'enlever ceux-ci tout de suite après s'être rendu compte de l'heure habituelle de la ponte.

L'incubation est généralement confiée aux poules naines. Les poules négresses du Japon sont souvent choisies parce qu'elles sont à la fois très douces et très assidues. Placées dans des boîtes *ad hoc*, les couveuses sont enlevées régulièrement de dessus leur nid et l'on profite du temps pendant lequel elles prennent leurs repas pour visiter les œufs, enlever ceux qui seraient cassés et nettoyer ceux qui auraient été salis.

La durée de l'incubation est de vingt-cinq à vingt-six jours. Dès que l'éclosion commence, il importe d'enlever aussitôt les coquilles vides.

Les faisandeaux qui viennent d'éclore peuvent rester un jour sans manger, il suffit que la poule les réchauffe sous ses ailes. Au bout de quelques heures, on les place dans la boîte à élevage avec leur mère adoptive, et, pendant la première semaine, on leur distribue à discrétion des œufs de fourmis. Passé ce temps on ajoute à la ration du millet, des œufs durs hachés avec de la mie de pain et de la laitue. Quelques éleveurs donnent du riz cuit, du cerfeuil, de la chicorée, du chènevis écrasé et de la farine de maïs. Dans tous les cas, on peut remplacer en partie les œufs de fourmis par des asticots ou vers blancs. En Allemagne, on ajoute aux pâtées, des hannetons desséchés au four et pulvérisés, dont les jeunes faisans sont très friands. Le cœur de bœuf cuit et haché représente aussi un aliment très apprécié. Les repas sont généralement au nombre de quatre par jour.

La poule éleveuse doit être retirée de sa boîte deux fois dans la journée pour prendre sa nourriture et se promener.

Au bout d'un mois, les faisandeaux qui commencent à voler, doivent être séparés de la poule et placés dans un parquet. On supprime alors peu à peu les œufs de fourmis et l'on ajoute des graines à la pâtée. A deux mois et demi, la queue des jeunes se forme : ils deviennent alors très sensibles et meurent en assez grand nombre quand ils sont mal soignés. Cette crise passée, les faisans sont robustes et ne redoutent plus rien.

La chair du faisan est un mets fort apprécié. A ce propos, nous reproduirons, mais sous toutes réserves, quelques conseils donnés aux gourmets par M. Oscar d'Aunefort, sur la façon dont il convient de manger le faisan.

« Le faisan n'est réellement un gibier tendre, sublime et de haut goût que lorsqu'il a subi un commencement de putréfaction. Que l'on ne vienne pas m'objecter que les viandes faisandées ne conviennent nullement à nos climats, qu'elles peuvent causer de graves irritations du tube digestif. Ces considérations ne sauraient être prises au sérieux, car on ne mange du faisan que dans de certaines occasions. Donc, vous tous, adeptes de la bonne chère, si vous voulez éprouver des jouissances ultra-gastronomiques, laissez le faisan arriver à ce moment où son fumet, très accentué, repousse les profanes de la table, et vous aurez une chair délicate, agréable au goût, digestive. »

X. — LE LAPIN

Races.

Le lapin appartient à l'ordre des rongeurs. Cette espèce est représentée par le *lapin de garenne* et par le *lapin de clapier* ou *lapin domestique*.

Le premier de ces animaux vit à l'état sauvage ; il se creuse un terrier pour échapper à la poursuite de ses ennemis. Plus petit que le lapin domestique, le lapin de garenne dépasse rarement le poids d'un kilogramme ; il est râblé, court de rein, avec les oreilles moins longues et les hanches plus saillantes que le lapin privé ; sa chair est délicate et savoureuse.

Quant au lapin domestique, il a formé une multitude de races et de variétés ; nous examinerons les principales :

Le *lapin bélier* ou *rouanais*, qui vient en première ligne, peut être considéré comme le géant de l'espèce. Il a la tête très grosse et busquée avec des oreilles larges, longues et tombantes ; son cou porte un repli de la peau ou fanon ; cet animal peut atteindre le poids de 8 à 10 kilogrammes, mais sa fécondité n'est pas très grande. Les portées sont de quatre petits en moyenne.

Le *lapin Nicard* se rapproche du lapin sauvage ; son poids dépasse rarement 1 kilogr. 1/2 ; par contre, il est fécond et rustique ; on le trouve surtout en Provence où il est très répandu.

Le *lapin commun*, dont le poil est généralement gris, se montre

Lapin de garenne.

prolifique et très rustique ; les portées sont en moyenne de dix petits.

Le *lapin géant de Flandre* n'est autre chose qu'une variété du précédent ; il est très long, bien râblé et atteint facilement 6 kilogrammes. Ses portées sont de six petits.

Le *lapin riche* ou *argenté* est remarquable par son poil long et soyeux, d'un gris argenté. Cette race réclame plus de soins que le lapin commun ; il lui faut une habitation aérée, suffisamment chaude, mais dépourvue d'humidité ; en

Lapin bélier.

outre, on ne doit pas entasser les animaux sous peine de nuire à la beauté de la fourrure et à la qualité de la viande.

Le lapin argenté donne des portées de dix en moyenne. Les petits naissent complètement noirs : ce n'est qu'à trois mois qu'ils ont le pelage argenté.

Le *lapin blanc de Chine*, encore appelé *lapin polonais* ou *lapin de garenne de Russie* a le poil ras, les yeux rouges comme le lapin angora et souvent le bout du nez et les pattes noires.

Lapin commun.

On peut le classer parmi les moyens ou même parmi les petits de l'espèce.

Transporté d'abord en Russie où il a peuplé d'immenses étendues, le lapin de Chine est passé successivement en Pologne, en Allemagne, puis en France. Sa fourrure plus fine et plus brillante que celle de notre lapin blanc commun, se vend sous le nom de *fausse hermine*. De plus, il donne une chair excellente, et ses portées sont au moins de dix chacune.

Le *lapin d'Angora* tire son origine d'Asie ; on l'entretient pour son poil qu'il donne en quantité plus grande au fur et à mesure qu'il avance en âge. On le voit, il y a avantage à le garder jusqu'à la limite la plus avancée de sa vie qui ne paraît pas dépasser neuf ans. Dès lors, on comprend que la viande de sujets sacrifiés aussi tardivement se montre coriace et de qualité inférieure.

Lapin blanc de Chine.

Les portées du lapin d'Angora sont de huit en moyenne. On en connaît trois variétés : le *blanc* aux yeux rouges, le *gris* et le *marron*.

Garenne et clapier.

La garenne est le lieu où habitent les lapins sauvages, tandis que le clapier est l'habitation des lapins domestiques.

On distingue deux sortes de garennes : la garenne ouverte et la garenne close.

La garenne ouverte est celle que les lapins établissent en toute liberté, soit dans les forêts ou les petits bois non fermés, soit dans les avenues percées à travers des terrains plantés.

La garenne close ou forcée diffère de la garenne libre en ce qu'elle est entourée de tous côtés par des murs, des haies ou des palissades qui empêchent les animaux de s'écarter de l'habitation. Il est indiqué de l'établir sur un coteau exposé au levant ou au

midi, dans une terre légère parsemée de taillis épais et plantée
d'arbres qui puissent fournir de l'ombre aux lapins tout en résis-
tant à leurs dents : tels sont, en général, les arbres verts. Les
plantes odoriférantes, comme le thym, la lavande, le serpolet,
doivent y être répandues ; on y sème des graminées, des légumi-

Lapin angora.

neuses et des racines, lorsque son étendue ne fournit pas une
nourriture naturelle assez abondante.

Les murs qui défendent la garenne doivent être élevés de
3 mètres, avec des fondations assez profondes pour empêcher les
lapins de passer sous la construction ; de plus, il faut les garnir,
au-dessous du chaperon, d'une tablette saillante qui rompe le
saut du renard. Les trous nécessaires à l'écoulement des eaux
sont fermés à l'aide d'un grillage serré ; enfin, des hangars sont
adossés au mur afin que les animaux puissent trouver une nourriture sèche pendant la saison pluvieuse.

Telle est, dans ses grandes lignes, l'organisation de la garenne
forcée.

D'après Olivier de Serres, une garenne de sept à huit arpents,
convenablement entretenue, doit rapporter deux cents douzaines
de lapins par an ; or, cette évaluation a été reconnue exacte et
les calculs auxquels se sont livrés des hommes autorisés ont

établi que des terrains de peu de valeur permettent de réaliser chaque année par l'élevage du lapin de 1 000 à 1 200 francs par hectare.

Quant aux règles à suivre dans l'exploitation des lapins sauvages, elles peuvent se résumer en ceci :

Ne pas cantonner les animaux dans des limites trop étroites,

Tonneau à lapins.

sous peine de les voir perdre leur fumet et revenir au lapin de clapier ;

Éviter que la population devienne trop dense et excède les ressources alimentaires ; que le nombre des mâles dépasse les besoins de la reproduction.

En hiver ou pendant la sécheresse prolongée de certains étés, on distribue aux lapins un supplément de nourriture placé dans les râteliers ou les auges qui meublent le hangar dont nous avons parlé.

Les aliments qui peuvent être donnés ainsi sont : le foin, les herbes, les choux, les feuillards, les betteraves, les navets et les carottes.

Les repas doivent être variés et chaque aliment donné seul, en petite quantité, afin d'éviter le gaspillage.

Le *clapier* est susceptible de varier à l'infini, suivant l'importance de l'élevage. Une cour, une grange, une écurie, un hangar, un tonneau, une caisse ou une boîte servent d'ordinaire au logement du lapin. Cet animal peut vivre partout ; il réussit toujours, pourvu qu'il ait à sa disposition de l'air pur, qu'il soit tenu proprement et reçoive une nourriture suffisante et de bonne qualité. Les mortalités qui emportent si souvent, d'un seul coup, tout le bénéfice d'une exploitation, sont toujours causées par le défaut d'hygiène, la mauvaise alimentation et l'insalubrité du logement.

Sans nous arrêter à l'agencement des loges et des petites cabanes que chaque éleveur établit suivant ses goûts et d'après ses besoins, nous allons indiquer brièvement les conditions que doivent remplir les logements d'une certaine importance.

Les clapiers sont ouverts ou fermés ; on doit autant que possible les orienter au levant.

Le clapier ouvert comporte une cour et des cabanes ; on l'établit dans un espace clos de murs suffisamment élevés, pour que les animaux étrangers ne puissent pas s'y introduire et l'on perce ces murs, dans le bas, de barbacanes fermées par des grilles, de manière à faciliter le renouvellement de la couche inférieure de l'atmosphère.

Le sol de la cour est pavé ou sablé, puis couvert de litière. Le sable, dont la couche doit être épaisse de 50 centimètres, présente l'avantage d'absorber les urines.

Autour des murs s'élèvent des cabanes construites sous un appentis. Le plancher inférieur de ces cabanes doit être à 25 centimètres au-dessus du sol extérieur et présenter une pente suffisante pour l'écoulement des urines, à moins qu'on le perce de trous.

Les dimensions à donner aux loges varient : les plus petites sont destinées aux mâles reproducteurs ; les femelles, qui allaitent pendant trente ou trente-cinq jours, ont besoin de plus d'espace ; enfin, il est des cabanes dans lesquelles on doit pouvoir réunir de dix à vingt individus. Chaque case renferme un râtelier et des augettes ; on peut y joindre des vases en fer-blanc, destinés à recevoir l'eau et les soupes.

Les cabanes à lapins peuvent être construites en bois, en briques ou en ciment; on les ferme habituellement à l'aide de portes grillées, qui facilitent l'aération et rendent la surveillance plus commode.

A partir du sevrage, les lapereaux passent deux mois environ dans la cour, après quoi ils sont enfermés par sexes séparés. Pendant leur séjour au dehors, on leur distribue à manger dans des

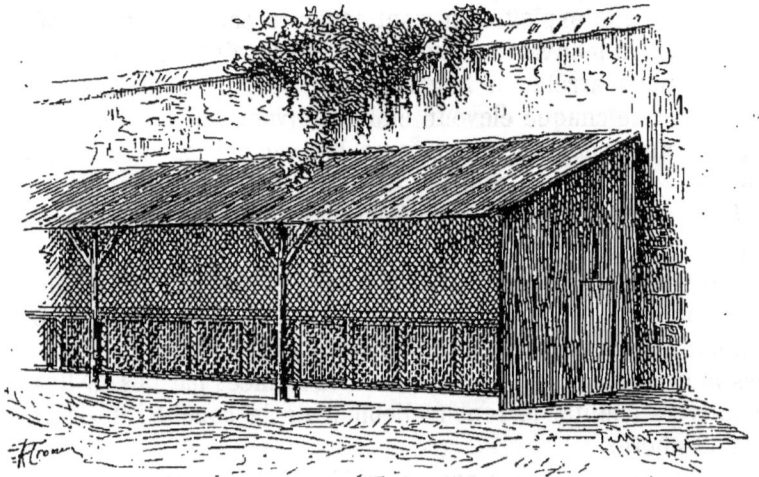

Clapier fermé.

râteliers couverts d'une planche qui abrite les aliments contre la pluie.

Le clapier fermé consiste d'ordinaire en un hangar dont les deux côtés sont clos par des planches, tandis que le devant est muni d'un grillage qui monte jusqu'au toit. Les cabanes, adossées au mur, laissent en avant un espace libre, dans lequel les animaux vivent un certain temps en commun.

Les lapins entretenus dans un clapier ouvert donnent une viande beaucoup plus ferme et beaucoup plus savoureuse que ceux que l'on confine dans les loges, à l'abri de l'air et de la lumière, où ils s'étiolent.

Alimentation.

Le lapin est plus gourmand que délicat; il accepte presque toutes les plantes, nombre de fruits, les légumes, les grains, les résidus et jusqu'aux fleurs, en tête desquelles il convient de placer la rose, qui est pour cette espèce un véritable régal.

Parmi les aliments susceptibles d'entrer dans la ration des

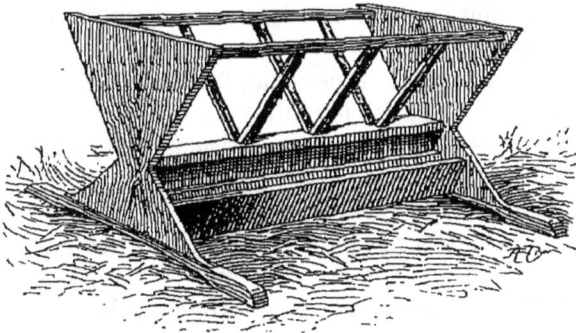

Râtelier à lapins.

lapins, nous citerons : le trèfle, le sainfoin, la luzerne, les lentilles, le mélilot, les vesces, les pois, les pampres des haricots, les chicorées, les liserons, le laiteron, les mauves, le plantain, le seigle vert, l'escourgeon, le foin des prairies naturelles, le fenouil, l'anis, le thym, le persil, le cerfeuil, le serpolet, la pimprenelle, le séneçon, etc. Viennent ensuite les pommes, les poires, les coings et les glands, puis les légumes de toute espèce : choux, carottes, betteraves, panais, topinambours, pommes de terre cuites; les grains, dont les principaux sont l'avoine, l'orge, le sarrasin ; le son de blé pour les résidus ; les bourgeons de la vigne; les pousses de tous les arbres fruitiers, à part le pêcher; les feuilles d'orme, de peuplier, de noisetier, de saule, de tilleul, de frêne, d'érable, de hêtre, de charme ; en un mot, les ramées de tous les arbres sauf le chêne et le tremble.

En dehors des aliments que nous venons d'énumérer, on peut

encore donner aux lapins de la soupe préparée avec les eaux de vaisselle, dans lesquelles on fait cuire des épluchures de légumes, des poireaux, des pommes de terre, etc. Les lapereaux que l'on habitue de bonne heure à ce régime supportent très bien le sevrage.

On le voit, rien n'est plus facile que de se procurer les substances propres à l'alimentation de l'espèce qui nous occupe et les ménages les plus pauvres peuvent se livrer à son exploitation.

Les repas sont au nombre de trois en été et de deux en hiver ; le repas du soir doit toujours être le plus copieux, le lapin aimant surtout à manger la nuit.

Il faut, dans la mesure du possible, faire les distributions à des heures régulières et varier le régime de manière à exciter sans cesse l'appétit. Les aliments aqueux et froids comme la carotte, le topinambour ; et surtout la betterave, sont mélangés avec du son ; quant aux herbes et aux fourrages verts, ils ne doivent jamais être donnés mouillés par la pluie ou chargés de rosée, si l'on veut éviter la météorisation et la diarrhée chez les animaux qui s'en nourrissent ; l'herbe fauchée qui a séjourné au soleil est également dangereuse.

Récoltées à l'avance, les plantes mouillées sont placées sur des claies dans un lieu sec et aéré ; et, si l'on se trouve dans l'obligation de les distribuer de suite, il est nécessaire de les mélanger à de la paille ou à du foin. D'ailleurs, ce mélange est indiqué pour habituer les animaux à passer progressivement de la nourriture verte au régime sec et réciproquement.

Un vert trop aqueux, donné d'une manière exclusive, contribue au développement du ventre ; sous son influence, les lapins deviennent lymphatiques ; ils fournissent une viande molle, peu savoureuse et dépourvue de principes nutritifs.

Quant au poids de la ration, il varie forcément avec la race : un lapin bélier peut consommer deux poignées de grains tandis qu'un lapin de Chine, par exemple, se contentera d'une demi-poignée.

Dans tous les cas, il y a lieu d'ajouter à la nourriture, au moins deux fois par semaine, des plantes aromatiques, telles que persil, thym, fenouil, coriandre, anis ou chicorée amère. En outre, l'emploi du sel comme condiment est très avantageux. C'est à cette substance que les lapins sauvages rencontrés sur les dunes de la mer doivent d'être si recherchés ; on l'administre à la dose de 1 à 2 grammes tous les deux ou trois jours, en le répandant sur les plantes vertes.

D'après un préjugé, malheureusement trop répandu, le lapin pourrait se passer de boisson, et, cette fausse doctrine, fondée sur les effets nuisibles des aliments aqueux, a conduit d'un excès dans l'excès contraire. Il est certain que le lapin nourri exclusivement avec des aliments verts peut, à la rigueur, se passer d'eau ; mais il est non moins avéré qu'il éprouve le besoin de boire lorsque son alimentation ne comporte que des fourrages secs ou des grains. Les femelles, lors de la mise bas et pendant qu'elles allaitent ; les lapereaux, à l'époque du sevrage, doivent toujours être pourvus de boisson. Les animaux habitués à boire ne prennent jamais que leur nécessaire, il n'y a donc aucun inconvénient à ce que l'eau fasse partie intégrante du régime. Quelques éleveurs donnent pendant quelques jours du lait aux lapereaux qu'ils sèvrent.

Le lapin convenablement nourri peut être livré à la consommation à l'âge de quatre mois ; alors sa chair est tendre et savoureuse ; elle est plus nutritive encore vers cinq ou six mois, quand l'animal a acquis tout son développement. Il n'est pas besoin d'ajouter que les soins d'hygiène contribuent pour une large part à la qualité de la viande et que le nettoyage des loges doit être effectué régulièrement ainsi, du reste, que celui des râteliers, mangeoires et vases mis à la disposition des animaux.

Reproduction.

Les intérêts de la reproduction ne doivent être confiés qu'à des animaux forts et bien conformés. C'est à l'éleveur de faire une sélection intelligente, de manière à unir les beautés et les aptitudes propres à l'espèce dont il dispose.

C'est généralement à l'âge de six mois que les femelles sont aptes à la reproduction (1).

---

(1) Comme la femelle, le mâle est fécond à six mois, mais il est préférable de ne l'employer à la reproduction qu'à un an.

La lapine porte de trente à trente et un jours ; les nichées sont habituellement de six par an, mais on peut les porter à huit. Cette pratique est avantageuse en ce qu'elle multiplie le nombre des animaux de vente ; on ne saurait chercher à obtenir plus sans compromettre le succès de l'élevage.

Pendant la gestation, la lapine doit être abondamment nourrie ; il convient d'assaisonner ses aliments à l'aide des plantes excitantes et aromatiques dont nous avons parlé plus haut et de lui donner à boire deux fois par jour, en mesurant chaque fois un centilitre d'eau. Très altérée pendant cette période, et surtout durant l'allaitement, elle serait tentée d'abuser des boissons. Aussi est-il prudent de la rationner. Une autre précaution à prendre est de nettoyer à fond la cabane de la lapine quelques jours avant la mise-bas et de la pourvoir d'une litière propre et abondante.

Quand la nichée est nombreuse, il y a quelquefois un intervalle de vingt-quatre heures entre la première et la dernière naissance. Quoi qu'il en soit, il est essentiel de savoir comment les choses se sont passées, quel est le nombre des petits et si tous sont vivants. Il va sans dire qu'on doit procéder à cet examen avec le plus grand soin, si l'on ne veut pas courir le risque de voir la mère abandonner sa progéniture, ainsi que cela a été observé.

Lorsque la lapine a plus de dix petits, ce qui est très fréquent, il y a toujours avantage à lui en ôter quelques-uns, que l'on peut donner à une autre nourrice, si l'on a eu, le même jour, plusieurs nichées dont les unes sont trop faibles.

L'été et le printemps surtout sont les saisons dans lesquelles les lapereaux prospèrent le mieux.

Les reproducteurs des deux sexes peuvent être gardés jusqu'à l'âge de quatre à cinq ans, après quoi on les soumet à l'engraissement.

Ce qui précède se rapporte plus spécialement aux différentes variétés de la race commune exploitées en vue de la viande. Les choses se passent autrement lorsqu'il s'agit de la reproduction d'une espèce entretenue uniquement pour son poil comme la race d'Angora. Dans ce cas, les reproducteurs ne sont utilisés qu'à l'âge

de sept ou huit mois et les petits têtent pendant quatre mois ;
enfin, comme nous l'avons déjà vu, on garde les animaux jusqu'au
déclin de leur vie, soit sept ou huit ans.

Éducation.

Quand la lapine est bien nourrie, ses lapereaux se développent
rapidement et peuvent être sevrés sans inconvénient du trentième
au trente-cinquième jour.

A un mois, les jeunes mangent et peuvent se passer de leur
nourrice. On les place alors dans une cabane propre, spacieuse,
abondamment pourvue de litière fraîche et brisée, ou bien on les
laisse vivre en liberté dans la cour du clapier, jusqu'à l'âge de
trois mois, pour les enfermer ensuite par sexes séparés.

Après le sevrage, il faut distribuer aux animaux des aliments
succulents et de facile digestion ; la farine d'orge et les soupes
leur conviennent parfaitement. Les boissons, très utiles à cette
époque, favorisent la croissance.

Si le sevrage prématuré devient une nécessité, la seule chance
que l'on ait de sauver la nichée réside dans l'allaitement artificiel.

Les jeunes lapins passent par la mue, comme d'autres animaux
par la deuxième dentition. C'est du trentième au quarantième
jour que le premier poil tombe pour être remplacé par une fourrure permanente. A cette époque, les soins doivent être plus
attentifs. La propreté, la chaleur, une bonne nourriture sont les
meilleurs préservatifs contre la mortalité qui sévit sur les sujets
chétifs et malingres.

Engraissement.

De cinq à six mois, les animaux qu'on veut préparer à la vente
d'une manière toute spéciale sont réunis dans une case placée à
l'abri d'une lumière trop vive et exposée à une douce température.
On les nourrit d'aliments substantiels : luzerne, trèfle, avoine en
grain ou concassée et l'on a soin d'assaisonner leur nourriture de
persil ou de pimprenelle. Ce régime, augmenté de deux centilitres

de lait par jour et par tête, permet d'obtenir, en quinze ou vingt jours, des sujets remarquables tant par leur état d'embonpoint que par leur chair délicate et savoureuse.

La mauvaise réputation qui s'est attachée à la viande du lapin de clapier n'est point inhérente à l'espèce ; la saveur désagréable qu'on lui trouve est due au manque de soins hygiéniques et à la nourriture grossière trop souvent distribuée à cet animal.

On sait que le repos est une condition des plus favorables à l'ac-

Cabane d'engraissement.

cumulation de la graisse ; aussi a-t-on cherché à immobiliser autant que possible les bêtes à l'engrais. C'est ainsi que, dans les Flandres, le lapin est placé sur une planche fixée au mur à 1ᵐ50 ou 2 mètres du sol ; devant lui sont installés le râtelier et la mangeoire qui reçoivent sa nourriture laquelle se compose habituellement de pain de seigle avec du lait, de trèfle sec et d'avoine entière ou concassée. Ainsi traité, le pauvre animal, qui craint toujours de tomber, garde une immobilité presque absolue si bien qu'en quinze jours il a atteint le degré convenable.

Suivant la race, le lapin gras pèse 3, 4 ou 5 kilogrammes. C'est à six ou huit mois seulement qu'il est en possession de toutes ses qualités ou, si l'on veut, que sa viande est *mûre.*

La castration du lapin, qui se pratique à trois ou quatre mois, mérite d'être généralisée : elle est simple, bénigne et les animaux qui y sont soumis acquièrent plus de développement, engraissent vite et donnent une viande succulente. Cette opération présente encore l'avantage de rendre la fourrure plus touffue et plus belle ce qui n'est pas à dédaigner lorsqu'on se livre à l'exploitation de certaines espèces telle que le lapin argenté, le lapin russe ou la race d'Angora.

Quant au manuel opératoire, le voici en deux mots :

Le lapin qu'on veut châtrer est placé sur le dos par un aide qui tient les oreilles et les pattes de derrière ; l'opérateur saisit les testicules l'un après l'autre entre le pouce et l'index de la main gauche, puis de la droite, armée du bistouri, il incise longitudinalement la bourse, fait sortir les testicules et les ampute en râclant le cordon avec la lame de son instrument afin d'éviter l'hémorragie. La seule précaution à prendre est de ne pas exercer de tractions sur le cordon testiculaire, ce qui pourrait donner lieu à une hernie.

Après la castration, les lapins sont mis à part dans une loge pendant deux ou trois jours. Ils ne réclament aucun soin particulier et guérissent très rapidement.

Produits et usages.

Les différentes races que nous avons décrites sont élevées, les unes en vue de la production de la viande — la race commune et ses variétés ; — les autres à la fois pour la viande et pour la fourrure, tels sont le lapin argenté et le lapin de Chine ; une autre, enfin, exclusivement pour son poil : la race d'Angora.

D'après certaines statistiques, la France posséderait 50 000 000 de lapins représentant 100 000 000 de francs.

La fourrure du lapin argenté vaut de 0 fr. 30 à 1 fr. 20 ; celle du lapin de Chine, qui se vend sous le nom de fausse hermine, est également très estimée. C'est à la sortie de l'hiver que ces fourrures ont le plus de valeur.

Quant au poil du lapin d'Angora, arraché trois ou quatre fois par an à la main ou au peigne, il sert à fabriquer des gants, des bas et des vêtements de tous genres.

La peau du lapin, revêtue de tout son poil, bien passée et bien préparée, sert à faire plusieurs sortes de fourrures, des manchons, des couvre-pieds, etc.; il en existe de diverses couleurs, de noires, de blanches, de grises. Les noires d'Angleterre sont surtout fort estimées.

Dépouillées de leurs poils, les peaux sont découpées en fines lanières et servent à préparer la colle pour les peintres. Les déchets de peaux, têtes, pattes et rognures sont vendus comme engrais.

Les excréments de lapin constituent également un bon engrais. Pour en tirer le meilleur parti, et aussi pour entretenir les lapins dans de bonnes conditions hygiéniques, il faut que la litière de ces animaux soit sèche et fréquemment renouvelée.

XI. — LE LÉPORIDE

Le léporide est le produit du lapin et de la hase, ou du lièvre et de la lapine.

La hase ne donne que deux ou quatre petits au plus, tandis que la lapine met au monde des nichées de huit à douze lapereaux ; il y a donc avantage à croiser le lièvre avec celle-ci plutôt que d'avoir recours à l'accouplement inverse.

Les jeunes lièvres se rapprochent vers la fin du huitième mois, de sorte que la femelle de cette espèce ne donne sa première portée qu'à l'âge de neuf mois, c'est-à-dire en avril ou en mai.

Parmi les éleveurs qui se sont occupés les premiers de la production des léporides nous citerons M. Roux dont les essais remontent à 1847.

Quelques auteurs ont révoqué en doute l'existence du léporide. La vérité, c'est que l'accouplement des espèces qui le produisent n'est pas toujours facile à obtenir. Le croisement du lièvre avec la lapine ou celui du lapin avec la hase est un peu le fait du hasard et il semble que l'attention, les soins de l'éleveur le plus expérimenté ne sont pour rien dans la réussite.

Chez M. Roux, les sexes demeuraient isolés ; les rapprochements n'avaient lieu qu'à l'époque fixée par la nature et la réunion se faisait à la nuit tombante pour cesser le lendemain matin. Dans ces conditions, le succès se trouvait généralement assuré.

Le léporide tient à la fois de ses deux ascendants ; il ne donne jamais ce coup de talon si caractéristique du lapin et tout à fait étranger au lièvre ; son œil feuille morte teinté de brun, se montre dépourvu du cercle jaune qui distingue celui du lièvre ; enfin, ses pattes de devant sont beaucoup plus fines que celle du lapin.

Les petits qui viennent d'une lapine sont déposés dans un nid formé du duvet de la mère. Quant à ceux qui proviennent de la hase, ils sont simplement mis au monde sur la litière. Dans tous les cas, les léporides ouvrent plus vite les yeux que les lapins, et leur fourrure, composée de duvet et de jarre, pousse plus rapidement.

Quelques auteurs affirment que ces animaux s'accouplent entre eux et se reproduisent facilement. Si cette fécondité existe, elle est nécessairement restreinte comme celle de tous les hybrides qui ne la possèdent d'ailleurs qu'exceptionnellement.

XII. — LE COBAYE

Le cobaye, encore appelé *cochon d'Inde*, est un petit rongeur qui a beaucoup d'affinité avec le lapin.

Originaire d'Amérique, cette espèce est peu répandue chez nous et ne se trouve qu'entre les mains de quelques amateurs. Le prin-

Cobaye.

cipal produit de cet animal est sa chair; d'ailleurs délicate et savoureuse lorsqu'il a été nourri et entretenu d'une manière convenable.

On fait généralement cuire le cobaye avec sa peau et l'on relève par quelques épices la saveur de sa chair naturellement un peu fade.

Remarquable par sa fécondité et sa rusticité, le cobaye réclame les mêmes soins que le lapin. Il sert journellement de sujet d'expériences dans les laboratoires de bactériologie, à cause de sa douceur et de la facilité qu'on a de se le procurer en grand nombre sans grande dépense.

« Beaucoup de gens, dit M. A. Bouvier, l'élèvent encore dans la persuasion que son odeur chasse les souris; mais lorsque dans l'hiver on lui donne des grains, il n'est pas rare de voir ces dernières venir les manger avec lui dans son assiette. Ses mouve-

ments continuels durant la nuit peuvent seuls être une cause
d'effroi pour les souris qui ne sont pas encore familiarisées avec
lui. »

En outre de la race commune, on connaît deux variétés de
cobayes ; l'une a les poils très longs et soyeux, c'est la race
angora ; l'autre, dite race à *poils rebroussés,* qui présente cette
curieuse particularité d'avoir soit une partie, soit la totalité des
poils, disposés en sens contraire de la direction normale.

La peau du cobaye s'emploie quelquefois dans la ganterie et la
cordonnerie.

SECONDE PARTIE

ACCIDENTS ET MALADIES

Moyens curatifs.

La première partie de cet ouvrage a été en quelque sorte consacrée à l'hygiène des hôtes de la basse-cour. Il nous reste à passer en revue les maladies susceptibles de les éprouver, mais, auparavant, nous dirons quelques mots de l'emploi des médicaments et des différentes formes sous lesquelles on les administre.

Tout d'abord, les médicaments sont distingués en *médicaments externes* et en *médicaments internes*.

Appliqués sur la surface du corps, les premiers n'ont qu'une action locale ; les seconds, au contraire, administrés à l'intérieur par la bouche et quelquefois par l'anus, sont absorbés et peuvent agir sur toute l'économie à la fois.

Médicaments externes. — Les principaux médicaments externes employés dans le traitement des volailles et du lapin sont administrés sous forme de bains, de lotions, d'injections, de cataplasmes, d'embrocations, de fumigations, de collyres et de gargarismes.

Les *bains* médicamenteux, dans lesquels on plonge, pendant un temps plus ou moins long, la totalité ou simplement une partie du corps des animaux, jouent surtout un grand rôle dans les affections de la peau. On les donne dans des vases appropriés à l'espèce et à la taille des sujets et l'on a soin de sécher ceux-ci immédiatement après afin d'éviter les refroidissements.

Les *lotions* agissent dans le même sens que les bains ; ce sont des lavages effectués sur une partie du corps à l'aide d'une éponge ou d'un linge imprégné du liquide médicamenteux. Suivant les cas, les lotions sont froides, tièdes ou chaudes.

Les *injections* consistent dans l'introduction, à l'aide d'une seringue, d'une préparation quelconque dans une cavité naturelle ou accidentelle : le nez, les oreilles, une fistule, etc.

Les *cataplasmes* sont des topiques de consistance pâteuse employés exclusivement à la surface du corps; ils sont froids ou chauds.

Les *embrocations* ne sont autre chose que des applications d'un corps gras sur la peau ou sur une plaie ; elles peuvent être suivies de frictions plus ou moins énergiques.

Les *fumigations* ont pour but de faire pénétrer des vapeurs ou des gaz dans les voies respiratoires. L'eau de mauve, les baies de genièvre et le goudron sont les substances le plus souvent employées à cet effet. Lorsqu'on veut soumettre les animaux à cette médication, il est nécessaire de les enfermer dans une chambre basse que l'on remplit des vapeurs voulues.

Les *collyres* sont des médicaments que l'on applique sur les yeux.

Les *gargarismes* sont injectés dans la bouche et l'arrière-bouche au moyen d'une seringue. Chez les volailles, on se contente généralement d'imprégner du liquide voulu un tampon d'étoupe fixé au bout d'un bâtonnet et de promener ce tampon sur les parties malades.

Médicaments internes. — Les médicaments internes sont donnés sous forme de provendes, de pilules, de boissons et de breuvages; exceptionnellement par l'anus, c'est-à-dire en lavements.

Les *provendes médicinales* sont composées de farine, de recoupe ou de son auxquels on associe la substance médicamenteuse.

Les *pilules* sont de petites boulettes formées de miel ou de mélasse et d'un médicament quelconque ; on les administre en les jetant parmi les graines à chaque repas, quand on ne les fait pas prendre de force.

Les *boissons*, qui correspondent assez exactement aux tisanes de la pharmacie humaine, sont des préparations que les animaux doivent prendre d'eux-mêmes.

Les *breuvages* sont trop concentrés pour que les malades les acceptent volontiers, aussi les administre-t-on à l'aide d'une petite cuillère.

Quant aux *lavements*, ils doivent être donnés avec précaution en se servant de seringues en rapport avec la taille de l'animal.

Angine couenneuse *(croup, angine diphtéritique).*

L'angine couenneuse revêt toujours la forme épizootique; elle est contagieuse, se propage rapidement et tue, dans l'espace de deux à quatre jours, tous les animaux atteints.

Cette affection se traduit par de l'abattement, de l'inappétence; les malades ont le plumage hérissé, la démarche incertaine, la respiration gênée, les narines obstruées par un enduit muqueux; enfin, ils présentent, sur le palais et dans l'arrière-bouche, des fausses membranes épaisses, d'un blanc jaunâtre, caractéristiques.

Dans l'angine couenneuse, la mort est due à l'asphyxie provoquée par les fausses membranes quand les animaux ne sont pas tués par l'inflammation de l'intestin, l'entérite diphtéritique, qui accompagne toujours cette maladie.

Traitement. — Dès l'apparition du mal, il faut séparer les oiseaux sains des oiseaux malades, et, si cela est possible, abandonner les poulaillers où la maladie a fait irruption. On cherche ensuite à enlever, à l'aide de pinces, les membranes qui tapissent la langue et la muqueuse du palais. C'est là une opération délicate, aussi s'en tient-on, le plus souvent, au badigeonnage pratiqué avec un pinceau trempé dans le mélange suivant :

Acide chlorhydrique	8 grammes	
Miel.	30	—
Eau.	150	—

On donne comme nourriture des grains cuits avec de la farine; des herbes cuites et hachées.

Sur le déclin de l'épizootie, la maladie devient moins meurtrière et dure de douze à vingt jours.

La diarrhée, qui se montre pendant la convalescence, est combattue par le vin de quinquina donné trois fois par jour à la dose d'un centilitre chaque fois.

Les espèces sujettes à cette affection sont la poule et l'oie.

Apoplexie *(vertige).*

L'apoplexie se montre chez tous les animaux de basse-cour, mais elle est surtout fréquente chez l'oie et le pigeon. L'animal sous le coup de cette maladie a les yeux voilés, les ailes traînantes; il tourne un instant sur lui-même, puis finit par tomber; enfin, après être resté immobile au point de faire croire qu'il est mort, il reprend peu à peu l'usage de ses sens.

L'apoplexie est due à une congestion du cerveau dont un seul côté peut être atteint. Alors l'oiseau tord le cou à droite ou à gauche, ce qui fait dire qu'il a le *torticolis*.

Traitement. — Faire sur le crâne des aspersions d'eau froide ou d'eau sédative souvent renouvelées; donner des breuvages purgatifs; enfin, si ces moyens échouent, avoir recours à la saignée soit en coupant un ongle à chaque patte près de sa base, soit, chez les palmipèdes, en ouvrant une veine qui se trouve placée sur la membrane des doigts.

On complète ce traitement en donnant aux malades du son mouillé, du petit-lait ou des boissons acidulées.

Aphtes.

Les aphtes s'observent chez tous les oiseaux de basse-cour; ce sont de petites vésicules blanchâtres qui crèvent et laissent à leur suite des ulcérations peu étendues. Le siège de cette éruption, qui se montre surtout pendant les grandes chaleurs, est la muqueuse du palais, mais elle peut s'étendre au larynx et à la trachée. L'oiseau alors a de la fièvre, il est triste et respire difficilement.

Traitement. — Badigeonner les parties malades avec le mélange suivant :

Borax en poudre.	4 grammes
Miel rosat.	15 —

Distribuer des aliments cuits; donner des boissons ou des pâtées purgatives s'il existe de la constipation.

Bronchite vermineuse.

Cette maladie est due à la présence dans les bronches d'un ver très fin et ressemblant à un fil (strongle filaire); elle débute par de la toux et affecte généralement une marche lente. A mesure que le mal progresse, on constate la tristesse, le hérissement des plumes, la diminution de l'appétit, une maigreur croissante. D'abord un peu gênée, la respiration devient de plus en plus difficile et les animaux finissent par périr asphyxiés.

Traitement. — Il consiste à pratiquer, trois fois par jour, des fumigations d'essence de térébenthine, de goudron, d'huile empyreumatique ou de camphre. Le médicament choisi est placé sur une pelle rougie au feu ou dans une chaudière contenant des charbons ardents, puis on concentre les vapeurs ainsi obtenues dans un local bien clos où l'on a eu soin d'enfermer les malades. Les fumigations doivent durer un quart d'heure; il convient de les continuer jusqu'à la disparition des symptômes. Quelques auteurs recommandent de mélanger à la pâtée des oiseaux de l'ail pilé et de l'*assa fœtida;* les toniques et les ferrugineux sont également indiqués.

Cachexie des volailles.

Cette maladie, qu'on observe surtout chez les dindons, paraît due aux mauvaises conditions hygiéniques dans lesquelles se trouvent placés les animaux ainsi qu'aux aliments trop aqueux ou avariés qui entrent dans la ration.

Quoi qu'il en soit, la cachexie est caractérisée par une faiblesse excessive, par la perte de l'appétit, par la maigreur générale jointe à la pâleur de la crête; enfin, par la présence de pustules sur la tête ou les caroncules.

Traitement. — Celui-ci est surtout hygiénique. Il faut tenir les animaux très proprement, les soustraire aux intempéries et leur donner une nourriture excitante.

M. Bénion recommande une formule sans faire connaître les

quantités à distribuer. Nous pensons que deux cuillerées suffisent
à dix volailles et que cette dose peut être renouvelée deux fois par
jour. Voici, du reste, le mélange dont il s'agit :

<pre>
Cœur de bœuf peu cuit et haché. . . .   500 grammes
Baies de genièvre concassées.   50   —
Gentiane pulvérisée.   40   —
Carbonate de fer.   35   —
Sel marin   10   —
</pre>

Cachexie du lapin *(gros ventre, hydropisie).*

La cachexie du lapin procède des mêmes causes que celle des
oiseaux de basse-cour et se décèle par des symptômes à peu près
identiques, savoir : l'amaigrissement, la perte de l'appétit, la
décoloration de la peau et des muqueuses apparentes, l'infil-
tration des membres, etc. Cette affection se termine par la mort
au bout de trente et quelques jours.

Traitement. — Le traitement est préventif. La bonne tenue du
clapier jointe à une nourriture tonique et excitante sont les seuls
moyens à opposer à cette affection qu'aucune médication ne saurait guérir.

Choléra.

Le choléra des volailles est une maladie contagieuse provoquée
par la présence dans le sang d'un microbe qui l'infeste.
Cette affection sévit toujours à l'état épizootique; elle a une
évolution très rapide et une issue presque toujours fatale. Les
symptômes observés se traduisent par de l'abattement, de la pros-
tration des forces; l'animal atteint a le plumage hérissé, les
ailes tombantes, il porte la tête basse, cesse de manger, mais
manifeste, au contraire, une soif très vive. Beaucoup de poules
ont, dès le début, une diarrhée infecte. Tantôt grisâtres ou jaunâtres, tantôt noirâtres ou striées de sang, les matières rejetées
par les malades sont toujours mousseuses et brillantes.
Au début de l'épizootie, le mal emporte souvent les animaux en
quelques minutes, tandis qu'au déclin la mort se fait attendre

douze, dix-huit et même vingt-quatre heures. En général, le choléra fait son évolution dans l'espace de quelques heures ; il s'attaque sans distinction à toutes les espèces de volatiles, au lapin, et dépeuple parfois les basses-cours les mieux garnies en huit jours ; vers la fin de l'épidémie, on observe quelques cas de guérison par les seuls efforts de la nature.

Traitement. — Tous les moyens thérapeutiques employés jusqu'ici contre le choléra ont échoué et l'inoculation préventive, la vaccination, préconisée par M. Pasteur, n'a malheureusement pas donné les résultats que l'on était en droit d'en attendre.

Dès que la maladie a éclaté dans une basse-cour, on doit prendre les bêtes les mieux portantes et les transporter ailleurs chaque fois que cela est possible. Dans tous les cas, il convient d'isoler les malades, d'évacuer le poulailler et de le désinfecter en lavant les murs, le sol, les juchoirs et tous les ustensiles qui ont servi aux animaux avec une solution d'acide sulfurique à 5 pour 1 000.

Le meilleur régime que l'on puisse faire suivre aux oiseaux pendant la durée de l'épidémie est le régime herbacé auquel on ajoute du son.

Constipation.

La constipation est assez fréquente chez les oiseaux de basse-cour ; on la reconnaît aux efforts que fait l'animal pour évacuer des excréments secs et plus durs qu'à l'état normal.

La constipation est occasionnée par une nourriture trop échauffante et notamment par la viande ou les grains distribués en vue d'activer la ponte ; c'est surtout la maladie des bonnes pondeuses. Généralement bénigne, cette affection s'accompagne quelquefois de tristesse et d'inappétence.

Traitement. — Le traitement consiste à distribuer une nourriture verte, du bouillon de tripes, des pâtées purgatives contenant du sulfate de soude ou de la manne. On peut y joindre des lavements émollients et huileux ou introduire simplement dans l'anus de l'huile d'olive à l'aide d'une plume trempée dans ce liquide. On est dans l'habitude de faire prendre aux oies 5 ou 6 grammes de sulfate de soude dans une cuillerée d'eau.

Diarrhée des volailles.

La diarrhée est l'inverse de la constipation. Ici les évacuations alvines, plus abondantes et plus liquides que de coutume, sont souvent liées à une inflammation de l'intestin, ce qui explique les douleurs abdominales, la tristesse et l'inappétence qui accompagnent cette maladie.

Entre autres causes, la diarrhée peut être provoquée par des aliments trop aqueux, par des graines fermentées, par l'humidité des logements, etc.

Traitement. — Il faut changer le régime, donner des œufs durs, du pain humecté de vin, de l'orge mondée et du riz cuit. Le sous-nitrate de bismuth, administré deux fois par jour, à la dose de 0 gr. 50 à 1 gramme dans de l'eau sucrée est très efficace. Nous recommanderons également le breuvage indiqué par M. Percheron :

Pour vingt poules : Amidon. . . . . . . 20 grammes.
Laudanum . . . . . 20 gouttes.
Eau de riz . . . . . 1 litre.

Pour peu que la diarrhée persiste, ne jamais oublier de couper les plumes autour de l'anus afin d'éviter la solidification des excréments autour de cette ouverture naturelle. (Bénion.)

Diarrhée du lapin.

La diarrhée du lapin est due aux écarts de régime, aux loges humides et malsaines, mais surtout à une nourriture trop aqueuse, aux aliments gelés, etc.

L'animal atteint mange peu, il a le poil sec, manque de vivacité et maigrit très rapidement. Si on l'examine de près, on lui trouve la queue et les fesses salies par des matières liquides, verdâtres et écumeuses. A mesure que la maladie progresse, l'affaiblissement augmente et il est rare que la mort ne survienne pas du troisième au quatrième jour.

Traitement. — Ici, le traitement curatif est à peu près nul ; toutefois, il est indiqué de donner des breuvages astringents et opiacés ainsi que des lavements de même nature ; de mettre les malades à la demi-diète et de leur distribuer de préférence du son et du foin de bonne qualité.

Empoisonnement.

On appelle ainsi l'action exercée sur l'organisme par les poisons ou toxiques.

Chez les volailles, l'empoisonnement peut être dû soit à la malveillance, soit à l'ingestion de plantes vénéneuses distribuées par mégarde ou prises par les animaux au pâturage.

Les poisons qui déterminent le plus souvent la mort des oiseaux de basse-cour sont : le phosphore, la saumure, les renoncules, les euphorbes, la belladone, la jusquiame, la morelle, la stramoine, la grande digitale, la ciguë, etc.

Suivant la nature des substances ingérées, l'empoisonnement se traduit par des coliques, de la faiblesse, du vertige ou des convulsions ; dans tous les cas, le mal débute d'une manière soudaine et tue les sujets dans un temps très court, ce qui empêche toute intervention médicale. Le plus sûr est de veiller attentivement à la préparation des pâtées et de détruire toutes les herbes nuisibles qui croissent dans les lieux fréquentés par les volailles.

Traitement. — Le traitement curatif consiste à provoquer le vomissement par l'introduction du doigt dans l'œsophage ; viennent ensuite les breuvages représentés par le lait chaud, le blanc d'œuf, l'eau de lin ; enfin les affusions d'eau froide faites sur la tête des malades.

Fractures.

Assez communes chez les oiseaux de basse-cour, surtout pendant la jeunesse, les fractures se décèlent par la crépitation, la difficulté des mouvements et la douleur plus ou moins vive dont elles sont accompagnées.

Les fractures qui portent sur l'extrémité inférieure des membres sont les seules dont on opère la réduction ; les autres, celles du fémur, du tibia et des ailes, sont abandonnées aux seuls efforts de la nature. Toutefois, lorsqu'une aile cassée tombe trop, il est indiqué de la relever dans la position normale et de la maintenir en place au moyen d'une ficelle attachée aux plumes et fixée à l'aile opposée.

Pour réduire une fracture, on met d'abord les deux abouts osseux en contact, c'est-à-dire dans leur position normale ; après quoi on enroule autour du membre une bande préalablement trempée dans de l'amidon, de la gomme arabique ou de la colle de farine, et l'on fixe cette bande au moyen d'une ligature. On peut encore se servir d'attelles de carton très mince sur lesquelles on applique la bande.

Après la réduction, l'oiseau est enfermé dans une cage, de manière à ce qu'il ne puisse faire des mouvements trop étendus qui nuiraient à la formation du cal.

Gale des volailles.

La gale est une affection de la peau déterminée par des parasites microscopiques (acariens) qui vivent sur les oiseaux.

On distingue deux sortes de gales : la *gale sarcoptique* et la *gale symbiotique*.

Gale sarcoptique. — La gale sarcoptique est due à un acarien fouisseur qui se creuse des galeries sous l'épiderme ; elle a été observée sur tous les animaux de basse-cour, mais principalement chez la poule.

Presque toujours localisée aux pattes, exceptionnellement à la crête, la gale dont il s'agit présente les caractères suivants : au début, les régions atteintes se montrent parsemées de taches grisâtres qui, en s'élargissant, forment bientôt des croûtes arrondies ; plus tard, on observe sur les mêmes points des écailles rugueuses dont l'épaisseur peut atteindre 1 centimètre. Les pattes, souvent volumineuses, difformes, paraissent enduites de chaux ou d'argile. La peau est rouge, tuméfiée et infiltrée de pus; les animaux se grattent, éprouvent de la difficulté à se mouvoir et à se tenir debout; enfin, dans les cas graves, la mort survient par épuisement.

Traitement. — Après avoir enlevé les croûtes préalablement ramollies à l'eau tiède, on applique sur les surfaces malades du goudron, de l'onguent styrax, de la glycérine ou du savon vert. Les pommades phéniquée ou créosotée, le baume du Pérou, sont également efficaces. On doit en outre désinfecter les locaux et les perchoirs.

Gale symbiotique. — La gale symbiotique est généralement localisée au cou et au thorax; elle peut cependant s'étendre à toute la surface du corps et même à la crête.

Dans la gale symbiotique, la peau se recouvre d'écailles minces, transparentes, de couleur jaune paille, formant bientôt des croûtes épaisses et dures, semblables à de la pâte desséchée. Cette gale ne provoque pas de démangeaisons, mais elle tue néanmoins beaucoup d'animaux.

Traitement. — Le traitement à opposer à la gale symbiotique est le même que celui de l'affection précédente; on peut y ajouter des lotions de jus de tabac.

Gale du lapin.

Le lapin peut être affecté des deux gales que nous venons de décrire.

La gale sarcoptique atteint de préférence la tête, où elle provoque la formation de croûtes, la chute des poils, l'épaississement de la peau, des démangeaisons, etc. Dans quelques cas, le mal envahit aussi les extrémités et même toute la surface du corps; alors les animaux maigrissent rapidement et succombent.

Traitement. — Applications réitérées de savon vert ou d'une solution légère de créosote. Ne jamais perdre de vue que le bain de tabac et les frictions d'un corps gras quelconque tuent le lapin.

La gale symbiotique est toujours localisée à l'oreille qui se montre recouverte de croûtes épaisses, sèches et feuilletées. Après avoir ramolli ces croûtes, on les détache, puis l'on touche les parties malades avec de la glycérine ou de l'huile phéniquée (2,5 pour 100).

Goutte.

La goutte est une maladie assez commune chez les volailles. On l'a observée sur la poule, le pigeon, l'oie, le dindon, etc. Les sujets âgés y sont plus prédisposés que les jeunes; les mâles sont le plus fréquemment atteints.

L'affection dont il s'agit est caractérisée par des tumeurs de volume et de consistance variables. De la grosseur d'un pois à celle d'un œuf de pigeon, ces tuméfactions se montrent sur les jointures des ailes ou des pattes. Tantôt dures, tantôt molles, les tumeurs goutteuses sont généralement chaudes et douloureuses; elles s'ouvrent quelquefois et laissent échapper une matière gris jaunâtre.

Les oiseaux atteints ont la démarche gênée et difficile; ils évitent les moindres mouvements, stationnent souvent sur une patte en relevant celle qui est malade, et accusent en marchant une boiterie plus ou moins intense. L'appétit finit par se perdre; l'amaigrissement et l'anémie surviennent rapidement, la diarrhée apparaît. Dans les cas graves, les malades ne tardent pas à succomber à l'affection.

Une alimentation trop riche en matières azotées, la privation d'exercice, le froid, l'humidité, l'insalubrité des habitations jouent le plus grand rôle dans le développement de la goutte. Les oiseaux qui vivent en liberté et cherchent eux-mêmes leur nourriture n'en sont jamais atteints.

Quant au traitement curatif, il est à peu près nul. Dans la généralité des cas, le mieux est de se débarrasser des malades dès le début, afin de ne pas tout perdre.

Indigestion des volailles.

L'indigestion résulte de l'accumulation des aliments dans le jabot, où ils forment une masse compacte et dure. Les jeunes oies y sont particulièrement sujettes.

L'animal sous le coup de cette maladie est triste; il secoue presque continuellement la tête et ouvre le bec comme s'il voulait rejeter quelque chose qui le gêne; le jabot est rempli outre mesure.

Chez les gallinacés, la marche de l'indigestion est lente; elle est plus rapide chez les palmipèdes qu'elle tue presque toujours. On a vu ainsi mourir en quelques heures les deux tiers d'un troupeau.

Traitement. — Il faut chercher à faire remonter avec la main les aliments et faciliter leur sortie à l'aide du doigt introduit dans le bec. Si l'on ne peut y parvenir, il ne reste d'autre ressource que de pratiquer l'incision du jabot avec un instrument tranchant.

Après avoir coupé les plumes sur une certaine étendue, on fend le jabot d'un seul coup de bistouri en pratiquant l'ouverture assez grande pour permettre l'introduction du doigt; puis on fait sortir les aliments. Un lavage à l'eau vineuse tiède et une suture en surjet complètent l'opération qui, d'ailleurs, n'a jamais de suites fâcheuses.

Indigestion du lapin.

Les lapins sont souvent frappés d'indigestion quand ils mangent une trop grande quantité d'herbe mouillée ou d'aliments aqueux. La tristesse et l'inappétence sont les principaux symptômes de cette maladie que l'on combat en administrant des breuvages excitants et purgatifs.

Muguet.

Le muguet est caractérisé par la présence, sur la muqueuse du bec, de la gorge et de l'œsophage, de petites taches jaunâtres dues à une sorte de champignon microscopique. D'abord isolées, ces taches s'étendent et finissent par former des plaques plus ou moins étendues.

Le muguet attaque de préférence les sujets affaiblis par une alimentation insuffisante ou par toute autre cause ; les végétations s'étendent quelquefois jusqu'au jabot.

Traitement. — Faire des badigeonnages avec le collutoire indiqué pour les aphtes (v. ce mot), puis purger les malades avec un peu d'huile ou une cuillerée à café de sulfate de soude lorsque la maladie s'est étendue au jabot, ce que l'on reconnaît aux vomissements.

Ophtalmie.

L'ophtalmie, ou inflammation de l'œil, se traduit par des symptômes connus de tous : la muqueuse des paupières se montre rouge et tuméfiée ; la cornée est épaissie et opaque ; il existe un larmoiement plus ou moins prononcé.

Les vapeurs qui se dégagent du fumier dans les poulaillers mal tenus sont habituellement la cause de cette maladie.

Traitement. — Tenir le logement des oiseaux très propre et l'aérer autant que possible ; lotionner les yeux avec une infusion de 20 grammes de roses de Provins dans 100 grammes d'eau.

Oviducte (Arrêt de l'œuf dans l').

M. Bénion est le premier auteur qui ait parlé de cette anomalie de la ponte.

Au moment où il se détache de l'ovaire, l'œuf est uniquement formé du jaune ; c'est dans l'oviducte qu'il se revêt de sa couche albumineuse, de ses feuillets membraneux et de sa coquille. Or, sous l'influence de causes encore mal définies, l'œuf, au lieu d'être expulsé, s'arrête en un point quelconque de ce conduit qu'il obstrue, si bien que ceux qui suivent finissent par remplir complètement l'organe.

A l'autopsie, on trouve dans l'oviducte des œufs absolument secs et dépourvus de coquilles, à l'exception d'un seul, celui dont l'arrêt a été le point de départ du mal.

Les volailles qui ne peuvent pas pondre sont tristes ; elles ont l'appétit capricieux, la démarche gênée et difficile ; bientôt le ventre augmente de volume, le plumage se hérisse, la diarrhée se déclare ; enfin, la mort survient après un temps plus ou moins long. Dans tous les cas, l'indice le plus sûr est l'arrêt brusque de la ponte chez les sujets atteints.

Traitement. — Au début, les onctions d'huile ou de pommade belladonée peuvent suffire. Plus tard, le brisement de l'œuf, l'incision de l'oviducte sont les seules ressources.

Quant au régime, il doit être composé d'herbes, de salades et de son mouillé.

Pépie.

« La pépie, écrit M. le Dr Pelletan, est une maladie dont on parle très souvent et qu'on connaît fort peu, ou du moins qu'on méconnaît presque toujours. La plupart des auteurs qui ont parlé de la pépie la définissent comme une maladie caractérisée par une pellicule qui se développe à la pointe de la langue ou sous cet organe, et qui empêche la poule de boire et de manger. Il en résulte que lorsqu'on voit une volaille, un peu triste d'ailleurs, ouvrir fréquemment le bec comme si sa respiration était gênée, éternuer fréquemment, symptômes qui sont à la vérité ceux de la pépie, on diagnostique la pépie et on examine le bec de l'oiseau malade. Or, comme on trouve à la langue une partie blanche, dure, presque cornée, on s'arme d'une aiguille ou d'un canif et on enlève cette partie malade. »

Mais « à part les perroquets qui ont, comme on le sait, la langue charnue et quasi-humaine (ce qui explique la facilité qu'ils ont à articuler les mots), presque tous les oiseaux ont la langue cartilagineuse à son extrémité. Donc, cette langue qu'on croit malade et dont on arrache le cartilage est complètement normale. La plaie qui résulte de cette opération est difficile à guérir, très souvent même ne guérit pas. Et la poule meurt, soit de la fièvre qui s'empare d'elle, soit du manque de nourriture, car la déglutition lui étant difficile et douloureuse, elle renonce parfois à manger et périt d'inanition. »

D'après M. Pelletan, la pépie est un chancre de la gorge ou de la muqueuse de la bouche, une ulcération qui sécrète un pus sous forme de matière crémeuse et se développe souvent à la fois sur un certain nombre de volailles dans une même basse-cour.

Traitement. — Comme moyen préservatif, l'auteur précité recommande de donner toujours aux poules un abreuvoir suffisamment vaste, rempli d'eau fréquemment renouvelée et placé à l'ombre. Il prescrit également le cresson et l'oseille.

Quant au traitement, il consiste à laver la partie malade, soit avec de l'eau vinaigrée, soit avec une solution de 50 centigrammes de sulfate de zinc dans 100 grammes d'eau ; on peut encore employer le borax, le miel rosat, etc.

Un régime rafraîchissant (pain trempé, herbes hachées, orge), l'isolement des malades dans un lieu sec et aéré contribuent à la guérison (1).

Picage.

Le picage est la manie qu'ont parfois les poules de s'arracher réciproquement les plumes et de se becqueter jusqu'au sang.

Comme toutes les habitudes vicieuses, le picage se communique par imitation et il suffit qu'une poule se mette à piquer l'une de ses compagnes pour que toutes les autres suivent bientôt son exemple. Quant à la cause initiale de ce tic, elle est, suivant l'expression de M. Pelletan, dans l'état moral de l'oiseau ; pour cet auteur, les oiseaux qui se piquent sont des oiseaux qui *s'ennuient*.

Traitement. — Donner aux poules de l'espace pour vagabonder et gratter, et, si la place manque, mettre à leur disposition du fumier qu'au besoin on fera jeter tous les matins dans leur parc.

---

(1) Les détails dans lesquels nous sommes entrés à propos de la pépie, n'ont d'autre but que de combattre un préjugé. La compétence de M. Pelletan en matière de pathologie galline ne fait de doute pour personne, en lui empruntant sa description nous avons voulu montrer que l'arrachement du cartilage de la langue est une pratique barbare et inutile à laquelle il faut renoncer.

On peut encore, suivant le conseil de M. Percheron, mettre à part les volailles qui ont une tendance à se livrer à cet exercice sur le dos de leurs compagnes.

Rachitisme.

Caractérisé par un ramollissement des os qui se déforment et subissent des déviations plus ou moins prononcées, le rachitisme s'observe chez tous les oiseaux de basse-cour, mais plus particulièrement chez les jeunes.

Une alimentation trop pauvre en sels calcaires, l'humidité des poulaillers, le défaut d'exercice, la privation de graines sèches sont les causes principales de cette affection.

Les oiseaux rachitiques ont l'appétit capricieux, la crête pâle, les pattes et le bréchet souvent tordus, ils sont arrêtés dans leur croissance et meurent presque toujours de consomption après quelques semaines.

Traitement. — Le traitement consiste à restituer à l'organisme le phosphate de chaux nécessaire à l'accroissement des os ; malheureusent, ce sel est peu assimilable, aussi doit-on distribuer de préférence des aliments riches en principes phosphatés, tels que la lentille, le maïs et le sarrasin. M. Percheron se trouve très bien de l'emploi de la provende ci-après :

Pour dix poules : Farine de lentilles . . . 100 grammes.
Avoine concassée . . . . 200 —
Sel de cuisine . . . . . . 5 —

La viande, le fer et la gentiane sont également indiqués, mais il faut, avant tout, placer les animaux dans de bonnes conditions d'hygiène.

Tuberculose.

La phtisie tuberculeuse affecte souvent les oiseaux de basse-cour. Les poules, les pigeons, les dindons, les canards, etc., payent leur tribut à cette affection.

Chez les volailles, les symptômes de la tuberculose n'ont rien de caractéristique. Les malades mangent moins, maigrissent, puis deviennent anémiques; ils ont des vomissements, de la diarrhée et meurent par épuisement. La marche de la maladie est généralement lente. A la période de déclin, on observe quelquefois chez les sujets tuberculeux des phénomènes de paralysie.

La plupart des éleveurs croient à l'hérédité de la tuberculose. Ce qu'il y a de certain, c'est que l'affection est transmissible de l'homme aux volailles. De nombreux observateurs ont constaté l'infection de basses-cours à la suite de l'ingestion de crachats de personnes phtisiques. Il en est de même avec le lait et la viande de bovins tuberculeux. Enfin, la maladie étant déclarée dans un poulailler, les animaux sains s'infectent en mangeant les matières virulentes de leurs congénères.

Les lésions de la tuberculose siègent dans différents organes, mais c'est le foie qui est le plus souvent atteint. On trouve dans son épaisseur et à sa surface des tubercules dont le volume peut varier de la grosseur d'un grain de chènevis à celle d'un pois. Blanchâtres ou jaunâtres, ces tubercules — lorsque la maladie est chronique et ancienne — prennent une consistance calcaire.

La viande des oiseaux tuberculeux est toujours de qualité inférieure; cependant, lorsque la maladie n'est pas trop avancée, on peut la livrer à la consommation.

Ainsi que les volailles, le lapin contracte la tuberculose. Chez cet animal, les lésions sont les mêmes que chez la poule.

Variole.

Encore appelée *petite vérole*, *picotte*, la variole se montre surtout fréquente chez l'oie.

Au début, la maladie dont il s'agit se manifeste par de l'inappétence et de l'abattement; l'oiseau a les ailes et la queue pendantes, la peau chaude et rouge. Bientôt ces phénomènes s'exaltent, le malade fait le gros dos, respire difficilement et refuse toute nourriture.

Cinq ou six jours après l'apparition des premiers symptômes, des pustules se montrent sur le cou, sur la tête ainsi qu'à la face interne des ailes et des cuisses. Ces pustules qui renferment un liquide purulent se dessèchent et forment des croûtes dont la place est marquée par des plaques d'un rouge plus ou moins vif.

La petite vérole des oiseaux de basse-cour est contagieuse et affecte toujours la forme épizootique.

Traitement. — Dès l'apparition de la maladie, il convient de séquestrer les volailles atteintes et de désinfecter le poulailler qu'elles occupaient. On administre tout d'abord aux malades des infusions de bourrache ou de sureau, puis, au moment de l'éruption, des breuvages vineux ou aromatiques ; enfin, on combat la diarrhée qui peut survenir avec les boissons de riz. Un régime composé d'aliments cuits et fortifiants, une bonne hygiène contribuent à la guérison.

Vermine.

Parmi les parasites des oiseaux, nous citerons le *dermanysse*, plus connu sous le nom de pou, la *punaise* et la *puce*.

Le *dermanysse* est un acarien suceur qui vit du sang des animaux. On le rencontre surtout chez les poules et les pigeons ; il attaque aussi le cheval, le chien, le bœuf, le chat et l'homme.

Pendant le jour, les dermanysses se tiennent dans les fissures des planches, des murs, des cages, des perchoirs et des nids. Ils se répandent la nuit sur les oiseaux, les criblent de piqûres et finissent souvent par les faire mourir d'épuisement.

La *punaise* des colombiers et des poulaillers ne diffère guère de la punaise des lits avec laquelle on peut, du reste, la confondre. Sa piqûre inflige aux oiseaux des souffrances telles, qu'on a vu des poules pondeuses, tourmentées par ces insectes, abandonner leurs œufs.

La *puce* des oiseaux est particulièrement commune sur les pigeons ; elle a le corps allongé et la tête dépourvue d'épines.

Traitement. — On peut détruire tous les parasites dont nous venons de parler avec des aspersions d'eau crésylée à 1 pour 100. On emploie habituellement contre les dermanysses l'acide phénique, le pétrole, l'eau chaude additionnée d'une petite quantité d'essence d'anis, etc. Un autre moyen consiste à faire évacuer le poulailler, dont on ferme avec soin toutes les ouvertures, puis à y placer un récipient contenant du sulfure de carbone. Au bout de vingt-quatre heures on ouvre et une demi-heure après les volailles peuvent réintégrer leur domicile.

Avec une grande propreté des locaux, des aspersions d'eau phéniquée et le blanchiment des poulaillers, on évitera aux volailles les tourments que leur font subir, au grand préjudice de l'éleveur, tous ces hôtes incommodes.

TABLE DES MATIÈRES

Paris. — Imp. LAROUSSE, 17, rue Montparnasse.

www.ingramcontent.com/pod-product-compliance
Lightning Source LLC
Chambersburg PA
CBHW071843200326
41519CB00016B/4209